U0352585

矿用设备时变不确定性分析与寿命预测

石博强　申焱华　著

北　京

冶金工业出版社

2015

内 容 提 要

　　本书共分 9 章，第 1~3 章阐述了矿用设备不确定性分析基本情况和不确定性分析研究的现状，并引入时变不确定性分析方法的基本思想，叙述了时变不确定性分析理论的数学基础和基本理论，时变不确定性分析理论不仅可以应用到矿山设备中，也可以应用到不同的学科领域和任何复杂系统可靠性评估及寿命预测中；第 4~8 章分别给出了多绳摩擦提升设备、斜井提升设备、刮板输送机、带式输送机和电机车运输等时变不确定性计算公式及分析方法；另外，在第 9 章也简述了系统状态预测理论。

　　本书可供矿业、机械类专业相关工程技术人员参考，也可作为机械设备可靠性相关培训教材及高校研究生教材。

图书在版编目（CIP）数据

　　矿用设备时变不确定性分析与寿命预测/石博强，申焱华著 . —
北京：冶金工业出版社，2015.7
　　ISBN 978-7-5024-7060-9

　　Ⅰ. ①矿… Ⅱ. ①石… ②申… Ⅲ. ①矿山机械—产品寿命—
预测技术　Ⅳ. ①TD4

　　中国版本图书馆 CIP 数据核字（2015）第 243959 号

出 版 人　谭学余
地　　　址　北京市东城区嵩祝院北巷 39 号　邮编　100009　电话　（010）64027926
网　　　址　www. cnmip. com. cn　电子信箱　yjcbs@ cnmip. com. cn
责任编辑　曾　媛　美术编辑　彭子赫　版式设计　孙跃红
责任校对　卿文春　责任印制　李玉山
ISBN 978-7-5024-7060-9
冶金工业出版社出版发行；各地新华书店经销；固安华明印业有限公司印刷
2015 年 7 月第 1 版，2015 年 7 月第 1 次印刷
169mm×239mm；10.75 印张；207 千字；161 页
49.00 元
冶金工业出版社　投稿电话　（010）64027932　投稿信箱　tougao@ cnmip. com. cn
冶金工业出版社营销中心　电话　（010）64044283　传真　（010）64027893
冶金书店　地址　北京市东四西大街 46 号（100010）　电话　（010）65289081（兼传真）
冶金工业出版社天猫旗舰店　yjgycbs. tmall. com
　　　　　（本书如有印装质量问题，本社营销中心负责退换）

前　言

机械设备，特别是矿用机械设备的可靠性问题一直受到科学家和工程技术人员的关注。目前，矿用设备不确定性分析仍采用传统方法，即将机械系统的状态"参数"视为随机变量，通过其概率分布进行概率计算，来进行不确定性分析与评价。我们知道，矿用机械系统在其全寿命周期中，是一个非常复杂的"演化"过程，"时间"在各种变量（或参数）的不确定性（随机性）分析中发挥着重要作用。但是对任意一个变量，在传统的矿用设备可靠性分析中一般是将"时间"效应引起的不确定性，一统归于随机变量，即变量（参数）沿着时间坐标轴的随机演化被"压缩"成不随时间演化的"随机变量"。

矿用设备的使用条件恶劣，工作环境差，工况复杂，其载荷存在更大的不确定性。从系统（矿用设备系统）演化角度出发，其状态（性能）参数沿着时间坐标轴"观察"是一个随机过程。此外，矿用设备系统中部件（零件）"演化"的随机性，导致整个矿用设备系统未来的"不确定性"。今天，人们仍然会问：我们所使用的矿用设备会按照"预先"设计的路径走完它的"生命历程"吗？它的不确定性如何？或者是它将来任意时刻的可靠性如何？这些都是使用矿用设备需要回答的问题。

一般说来，一个矿用机械系统的未来常常既不是"完全不可预测"，也不是"尽在掌控之中"，而是"部分确定"与"部分不确定"的"组合体"。这种"部分确定"与"部分不确定"的"多少"则取决于系统自身的机制和环境等诸多因素的影响以及它们复杂的耦合作用。这种多因素的影响及其耦合作用从工程的角度看是怎样的呢？能否将这些带有不确定性成分的作用机制进行某种"显式"化并给出矿用设备系统状态演化不确定性的过程表达和模型？

该书正是基于以上考虑，不刻意追求数学的严密而是从工程角度，对矿用设备状态分析理论进行探讨，建立矿用机械设备的时变不确定性分析理论，试图回答上述问题。

书中内容涉及两个国家自然基金资助项目（编号 51075029 和 59605002）的部分成果和作者在可靠性工程领域研究的新进展。全书共分 9 章，第 1 章介绍了矿用机械设备不确定性分析基本情况和不确定性分析研究的现状，并引入时变不确定性分析方法的基本思想；第 2 章为时变不确定性分析理论的数学基础；第 3 章建立了时变不确定性分析的基本理论；第 4 ~ 8 章分别给出了多绳摩擦提升设备、斜井提升设备、刮板输送机、带式输送机和电机车运输等的时变不确定性计算公式及分析方法；第 9 章为系统状态预测的理论介绍，并给出了未来可能的研究方向。

全书研究及编写由石博强和申焱华共同完成。此外，闫永业参与了第 3 章部分内容的编写，余国卿、刘瑞月和段国晨参与了第 5 章部分内容的编写。在研究过程中，北京科技大学高澜庆教授、方湄教授、张文明教授、刘立教授和罗维东教授给予作者支持和鼓励，在此深表谢意！

特别感谢国家自然科学基金委的大力支持！

由于水平所限，书中不妥之处，恳请读者批评指正。

作　者
2015 年 7 月

目　　录

绪　　论

1.1　矿用设备的可靠性

1.1.1　矿山生产现状

当今全球局势的变化使得世界经济贸易逐渐趋于一体化，而处于生产贸易基础的能源问题越来越被国际社会所重视。在经济发展全球化的背景下，世界各国采矿工业得到快速发展，矿用设备技术水平有显著提高，它的发展使采矿生产效率提高了 3~5 倍，矿山规模和采矿量也越来越大。例如，中国煤炭工业协会通报的数据显示，2013 年全国煤炭产量为 37 亿吨左右。与此同时，国际上各种矿石生产量有了大幅度的提升。据统计，2002~2011 年这十年中，铁矿石的总体产量呈上升的趋势，增加了 10.5 亿吨，年均增长量约为 1.05 亿吨，年均增长率 8.49%。2004~2012 年国际三大矿山铁矿石产量如图 1-1 所示。

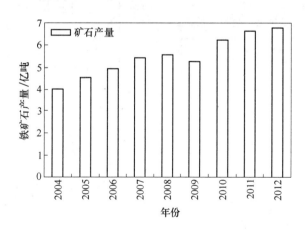

图 1-1　2004~2012 年国际三大矿山铁矿石产量

我国钢铁行业正在迅速发展，对铁矿石的需求大幅度提高，其产量也一直伴随消费量增加而上升，这推动了我国采矿行业的快速发展。2000～2012 年，我国铁矿石需求量和增长率以及铁矿石原矿产量和增幅分别如图 1-2 和图 1-3 所示。

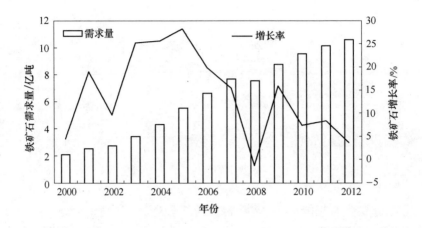

图 1-2 2000～2012 年我国铁矿石需求量和增长率

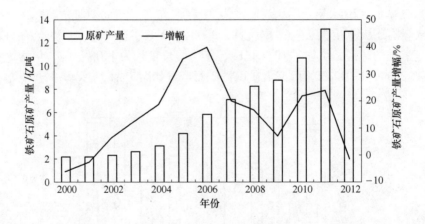

图 1-3 2000～2012 年我国铁矿石原矿产量

随着对能源开采强度的不断加大，浅部资源也日益减少，国内外矿山都相继开采深部资源。以煤炭行业为例，目前我国已探明的煤炭储量中，深埋在 1000m 以下的煤炭为 2.95 万亿吨，占煤炭资源总量的 53%。根据我国目前资源开采速度，煤矿开采深度正在以每年 8～12m 的速度增加。近年来已有一批矿山进入深部开采阶段，这也是未来矿山发展的主流。这就要求浅部开采所采用的设备在深部开采时要有所改进和提高，以适应深部开采环境，如高温、高水压等。

我国国土资源部于 2008 年发布了《关于促进深部找矿工作指导意见》，以促进我国固体矿产勘查向深部拓展。这显示出矿用机械设备将面临着新一轮的行业需求，尤其是钻探、野外寻矿等诸多设备。越来越多的矿山开始使用机械化作业。煤炭、铜矿、锌矿等矿山的机械化程度已大大提升，使矿用机械设备的市场容量大大增加。在此趋势下，大型采掘设备需求将成为主流。国务院《关于加快振兴装备制造业的若干意见》指出，要"发展大型煤炭井下综合采掘、提升和洗选设备，实现大型综合采掘、提升和洗选设备国产化"。"十一五"期间，我国大型煤矿采掘设备机械化程度达到 95% 以上，中型煤矿达到 80% 以上，加之全国大型煤炭集团对中小型煤矿的兼并重组等，从而使大型采掘设备需求量更多。

在人类与自然界的和谐发展中，矿用机械已经向着数字化、智能化、生态化等方向发展。据中国工程机械工业协会统计数据分析，煤机装备市场需求也大幅度增长，我国煤机装备总产量由 2005 年的 100 万吨增加到 2011 年的 412 万吨，增长 311%；工业总产值由 211 亿元增加到 1132 亿元，增长 436.2%。2005 ~ 2011 年我国采煤机、挖掘机、液压支架产量等增幅如图 1-4 所示。

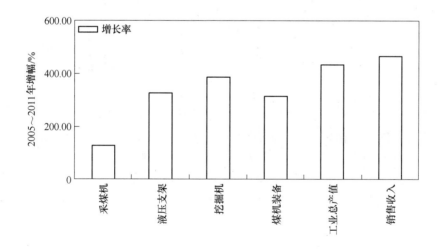

图 1-4　2005 ~ 2011 年我国采煤机、挖掘机、液压支架产量等增幅

对于矿井提升设备，矿井提升机的电控系统包括主井电控系统和副井电控系统，未来数年国内平均年需各类提升机设备 150 ~ 180 台（套），其中大型和特大型约占 20%，中小型约占 80%，未来五年新增产品（提升机）产值约 15 ~ 20 亿元左右；此外，部分煤矿旧有的矿井提升机电控系统需要改造，矿井提升机电控系统整体市场容量超过 20 亿元，并以每年 15% 左右的速度递增。

1.1.2　矿用设备可靠性的要求

在矿业工程领域，最重要的就是相应的机械设备。与其他的生产/作业机械相比，矿用机械设备具有以下特点：

（1）工作环境恶劣。设备时刻处于水汽、粉尘、有害气体等恶劣的环境中。

（2）工况条件苛刻。大部分矿用设备是在高速、重载、冲击、振动和介质腐蚀等工况条件下工作。

（3）运行时间长。大多数设备不分昼夜、长年累月地连续作业。

（4）润滑条件差。由于环境恶劣，工况苛刻，加上运行时间长，这就使得设备零部件得不到良好的润滑和维护。

矿用机械的磨损、腐蚀失效现象极其严重，因此，在恶劣的环境中对矿用设备的要求更高。

然而，随着生产自动化、智能化进程的日益加快，设备作为生产的主要物质基础在现代企业中发挥的作用越来越大，其自动化与智能化程度越高，生产安全性以及生产效率也越高。目前，世界各国矿山开采都在向这一发展方向，近年来，依靠技术设备的改进，采矿行业的生产效率已经平均提高了四五倍，随着更大吨位的铲车、钻机以及凿岩机等设备技术的改进，未来生产效率将会进一步提高，一些现有难以开采的矿山资源将会得到充分的开发，其应用必将大幅度提高开采的生产效率和安全性。

同时，由于矿山开采环境越来越差，越来越复杂，所以对采矿设备和技术的要求也越来越精密，越来越高。采矿设备也应不断吸取各领域的优秀经验，面向国家经济的需求，科学发展，实现环境的可持续发展，所以大型化、智能化发展是其必然趋势。高效、高安全性和高可靠性是现代采矿工艺的生产目标。为达到这一目标，结合现代高新技术，对采矿设备进行完善和改进是非常重要的。

此外，改善工人的作业环境，提高工人作业的可靠性，对提高整个矿用设备的可靠性是至关重要的。按人机工程学设计的舒适、无尘、无噪声、无振动且有空调的驾驶室，能提高操作工人的主观能动性，从而提高其操纵的机器的生产效率。

采矿设备可靠性的高低直接影响到矿山开采产量的大小以及经济效益的好坏。纵观我国矿井生产的现状，经过几十年的发展，已取得了长足的进步，但与国外先进水平相比，还有很大的差距。究其原因，很重要的一个影响因素是采矿设备不确定性因素多、可靠性低。因此，应用系统可靠性理论对矿井系统进行分析，建立其可靠性模型，对矿井系统安全高效运行具有十分重要的意义。

1.2 不确定性研究概述

1.2.1 不确定性问题

在矿用设备运行时，其状态会受到各种各样因素的影响，它们的状态变化表现趋势也各不相同。不仅不同的工艺类型和设备表现出不同的故障类型，即使是相同的生产工艺过程和相同的机械设备，也有可能因为制造、安装、操作状态和管理水平的不同而不同，故障发生的频率、表现的形式和特征也不尽相同。对于某些复杂的机械系统，故障形成的机理还不太明确，或者故障的形成机理清楚，但是各种因素对故障影响的程度很难确定。在机械设备故障诊断过程中，还存在着故障征兆和故障原因关系之间的不确定性，一种故障征兆可能来自于多种故障原因；反之，一种故障原因也可能会表现出多种故障征兆，即表现为表象和成因之间的不确定性。因此，对机械产品设计方案进行不确定性优化，提高机械产品的可靠度和稳定性，在机械产品设计中有着十分巨大的应用价值和十分广阔的应用前景。

现代机械设备一般具有典型的流程工业设备特征：非线性、随机性、多约束、高维以及信息不确定性等，而且多处于连续性的工作状态。在某些工业应用领域（如石化工业）还具有难操控、易燃易爆、投资巨大等特点，一些很小的故障经传播就有可能导致灾难性的后果，造成巨大的经济损失和严重的人身伤亡。因此，随着现代机械设备的不断发展，人们对其可靠性及安全性也有了越来越高的要求。在机械设备设计、建造时，采用可靠性设计技术是提高整个系统可靠性的有效途径。

1.2.2 可靠性（不确定性）分析研究现状

机械设备可靠性是指机械设备在规定的条件下和规定的时间内，完成规定功能的能力，它包括设计可靠性、制造可靠性、运行可靠性、维修可靠性和管理可靠性等，其中，设计可靠性和制造可靠性保证了产品生产过程中的可靠性水平，而运行可靠性与设备所处环境、使用条件、使用时间、零件退化失效等因素有关，具有时变性、特殊性和动态性。即便是同一台设备，在不同的运行条件与环境下，其运行可靠性也必然是不同的。

传统可靠性理论是基于概率论和数理统计的，用于处理随机不确定性信息。其评估方法是利用大量的具有概率重复性的样本，确定设备的失效分布，获得宏观意义上一批同类设备共性的平均可靠性。然而，各个设备通常在不同的条件与环境下运行，其零部件的损伤、故障、失效的程度不同，运行可靠性也必然不同。针对某台具体的机械设备进行运行可靠性评估是个性问题，基于大样本条件并依赖概率统计数据得到的平均可靠性难以满足个体设备的运行可靠性评估需求。国内外许多专家在可靠性理论和技术的不同层面上做了大量的研究工作，在理论和实践方面均已取得了丰硕的成果。

对于传统可靠性理论在机械设备运行可靠性评估方面的局限性，许多学者采用较少依赖概率分布的方法对传统的可靠性分析方法进行了改进。2010 年，Balakrishnan 等基于 Kaplan-Meier 非参数估计方法提出了一种新的参数模型估计方法来估计设备在截尾时刻的可靠度函数。王新刚等运用随机过程和顺序统计理论建立考虑变幅随机载荷和强度退化下机械零件的动态可靠性功能方程模型，利用二阶矩和摄动方法求出机械零部件的动态可靠性指标，并计算出零部件的动态可靠度。以建立的动态可靠性数学模型为基础，将可靠性设计理论与灵敏度分析方法相结合，提出了动态可靠性灵敏度设计的计算方法。

2011 年，Rajesh 等建立了基于聚类、模糊集映射和模糊逻辑的运行可靠性计算模型，并将其应用于海洋运输系统中。程越等针对基本粒子群算法的早熟问题，充分运用混沌优化与粒子群优化的搜索特性，动态收缩搜索区域，将混沌粒子群算法应用到结构可靠性优化理论，建立结构系统可靠度约束下最小化结构质量的优化模型，提出了基于混沌粒子群算法的结构可靠性优化设计方法。

2012 年，Peng 等提出了两种性能退化度量方法，利用退化随时间变化的关系及部件之间的相关性，对关键部件的可靠性进行评估。李常有等根据线性连续系统的随机动力学理论获得随机响应的计算公式，并建立了随机交变应力的计算模型。采用一随机变量描述初始强度的不确定性，利用非平稳 Gamma 过程描述强度劣化量的演变过程，在此基础上构建了线性连续系统的动态与渐变耦合状态函数和可靠度表达式，有效解决了随机参数线性连续系统遭受强度劣化和承受动态载荷时的可靠性分析问题。王维虎、吕震宙等针对工程中概率信息不全的可靠性问题，利用 Copula 理论逼近基本变量的联合分布函数和联合概率密度函数，建立 Copula 逼近基础上可靠性分析的自适应截断抽样法，并建立 Copula 逼近基础上基本变量对失效概率影响的重要测度分析的自适应截断抽样法，提高可靠性分析和基本变量重要性分析方法的效率和稳健性。

2013 年，何正嘉等针对传统可靠性分析方法必须依赖大样本统计数据、利用概统计求解设备可靠性的不足，提出两种利用运行状态信息实现小样本条件下设备运行可靠性评估的方法：基于归一化小波信息熵的可靠性评估和基于损伤定量识别的可靠性评估，为机械设备实现缺乏大样本、非概率统计模型的可靠性评估提供了新理论与新技术。肇慧等针对大型机械在已有数据为无失效数据，寿命服从三参数 Weibull 分布的情况下，提出了一种全新的可靠度评估方法，该方法是在三参数 Weibull 分布的形状参数下限为已知的条件下，将所有的无失效数据进行叠加，然后在已知大型机械设备寿命下限和置信度时，建立模型并得到大型机械设备在使用时的可靠度估计的单侧置信下限，并据此判断可靠度是否满足一定条件和工程上的要求。

常规可靠性理论认为基本变量的随机性是影响系统可靠性的唯一不确定性因素，随着可靠性学科的发展，人们逐渐意识到可靠性分析和设计中不仅有随机不确定性问题，还存在大量的模糊不确定性问题。自1965年模糊数学诞生开始，许多学者就尝试将模糊理论应用到可靠性分析中，并发展出一些处理模糊变量的可靠性分析方法。

2012年，魏鹏飞等针对同时存在随机不确定性和模糊不确定性的可靠性分析问题，提出了两种高效解决方法。第一种方法是迭代马尔科夫链鞍点逼近法，该方法的基本思想是给定隶属水平下由迭代马尔科夫链和一次鞍点逼近法求得可靠度上下限，不同的隶属水平对应不同的可靠度上下限，遍历隶属水平的取值区间 [0,1] 即可求得可靠度隶属函数，与传统的两相 Monte Carlo 数字模拟法和迭代一次二阶矩法相比，该方法具有效率高和对非正态基本随机变量不需要进行正态转换的优点；第二种方法是迭代条件概率马尔科夫链模拟法，该方法在求解给定隶属度水平下的可靠度上下限时，由条件概率公式引入一个非线性修正因子，该因子的引入大大提高了功能函数为非线性的可靠性问题的求解精度。

2014年，Duy Minh Do 等提出一种改进的低序列高阶非线性随机初始化粒子群优化算法，从而更好地获得结构的动态特性、随机振动响应及其可靠性的界限值。在随机过程激励下，对作用有耦合且不确定因素的结构进行不确定性动态分析及其可靠性评估。

如今，模糊疲劳可靠性设计应用领域越来越广泛，由于其设计方法比常规可靠性设计更有说服力，对现象的原因及发展考虑的更完善，因此，它将是以后可靠性设计的重点。

1.2.3 寿命预测研究现状

寿命预测理论是机械零件和装备安全服役的关键基础，同时也是现代机械设计与制造必须涵盖的重要方面。机械设备寿命预测技术对国民经济发展和国防建设具有重要的意义。

机械重大装备的寿命预测，也称为剩余服役。寿命预测或剩余使用寿命预测，是指在规定的运行工况下，能够保证机器安全、经济运行的剩余时间。它被定义为条件随机变量：

$$t_r = \{ t' - t \mid t' > t, Z(t) \} \tag{1-1}$$

式中　t_r——机器的剩余寿命；

　　　t'——失效时间的随机变量；

　　　t——机器的当前年龄；

　　$Z(t)$——当前时刻之前的有关该机器的所有历史使用情况。

如今有关机械设备寿命预测的研究得到了国内外学者的广泛关注，其关注的研究对象包罗万象，几乎涉及所有的工业产品。由于基于恰当失效破坏理论的合适寿命预测模型一直是寿命预测研究的热点和难点，当前国内外学者在机械重大装备寿命预测理论研究方面主要聚焦于通过研究材料或结构的失效与破坏机理，建立基于力学模型与概率统计方程的寿命预测理论。与此同时，发展先进的寿命试验方法与数据分析技术也是当今寿命预测研究的另一个热点，通过研究复杂载荷、多种环境因素以及多种失效形式下的寿命试验方案，为寿命预测理论与方法研究奠定强有力的试验基础。

总的来说，寿命预测方法大致可以分为以下三大类：基于力学的寿命预测方法、基于概率统计的寿命预测方法以及基于信息新技术的寿命预测方法。

基于力学的寿命预测方法是最早提出的用于寿命预测的方法，其中基于应力的寿命预测法（S-N 曲线方法）仍然是目前为止最常用的方法。2012 年，包名等基于 von Mises 等效应变和等效应力概念、符号修正公式以及传统的单轴雨流计数法，并结合几种常见的临界面多轴疲劳损伤模型以及线性损伤定律，提出了一种多轴随机载荷下的疲劳寿命预测方法。2013 年，张俊红等结合 Chaboche 提出的非线性损伤理论，对 Paris 公式进行修正，将其扩展至全寿命阶段，建立了考虑分级加载的连续非线性 Chaboche-Paris 全寿命模型。

由于预测寿命值仅为存在某一特性的随机量，所以，要对设备构件的断裂和寿命预测有一个可靠的定量概念，就迫切需要引入概率统计理论。2012 年，胡绪腾等基于最弱环理论以及光滑试样疲劳寿命的 Weibull 分布，建立了一种缺口件概率疲劳寿命预测方法。2013 年，张继军等针对机载设备剩余使用寿命预测中存在的不确定性因素，引入状态条件概率矢量对隐马尔科夫模型（HMM，Hidden Markov Model）进行不确定性改进，建立了基于状态条件概率分布的机载设备剩余寿命模型。邓森等针对产品性能退化数据样本少、退化轨迹存在非线性与随机性的特点，提出了一种灰色时序组合模型对产品的退化轨迹进行建模并实时预测个体寿命。

前两种寿命预测方法通过建立物理模型，对寿命进行了定性分析和近似定量计算，但由于忽略了工程实际中存在的随机、突变和非线性等因素，削弱了物理模型的预测精度。因此，许多学者基于信息新技术对构建寿命预测进行了研究。2012 年，亓利晓等以工程实体为研究对象，以层次分析法为主要研究方法，以数学建模为辅助工具，利用模糊集合和隶属函数在量化及定性模糊因素方面的易操作性，对河峪桥的耐久性、安全性、适用性三个方面进行模糊综合评估。在模糊综合评估结果的基础上，利用马尔科夫过程对干河峪桥进行了尝试性的寿命预测，证明了马尔科夫过程和模糊数学可以协同工作，共同预测桥梁剩余使用寿命。2013 年，宁武龙等基于 BP 神经网络原理，利用轴承空载和负载运行下的各参数建立了轴承剩余寿命的预测模型。

　　总的来说，基于力学的寿命预测方法是基于失效与破坏机制的动力学特性来预测其剩余寿命，这是工程上常用的方法之一。当零件的失效是由单一的失效机制起主要控制作用时，其剩余寿命的预测比较简单易行，如磨损寿命预测、蠕变寿命预测和疲劳寿命预测等。但是由于矿用设备工作环境严酷，其失效形式多是耦合出现，这就要求学者们研究多种失效形式耦合的破坏理论，然后在此基础上发展矿用设备的寿命预测技术。而基于概率统计的寿命预测方法通过积累的现场数据和试验数据建立统计模型，通过确定寿命特征值随时间的分布和失效概率，预测在要求可靠度下的寿命。从概率统计的意义上来说，虽然基于概率统计的寿命预测需要大量试验和数据的积累，但其预测结果更能反映机械产品寿命的一般规律和整体特性。

1.3　矿用设备时变不确定性分析的必要性

　　由于现代科技的发展，对机械设备各方面的要求更高，除了自身结构的复杂多变外，还有其所处的恶劣的工作环境和苛刻的运行条件。针对这些破坏因素，学者提出了不同的疲劳破坏机理及研究方法，从而对构件的疲劳寿命进行预测。在对设备的结构或材料进行寿命预测研究时，总会产生一些不确定因素，从而在进行寿命预测时出现了确定性疲劳寿命预测和不确定性疲劳寿命预测这两种方法，并且这两种方法基本上都是基于 Miner 法则建立起来的。现在对机械设备寿命预测和可靠性设计的研究，主要是通过利用数学概率分布、统计等相关理论，对设备运行时的不确定性因素进行分析，然后用一定的方法量化处理这些不确定性，从而进一步认识疲劳破坏的机理并分析构件或材料的疲劳寿命预测结果与实验值的误差，最终寻求一个能广泛适用于工程实践的寿命预测方法。

　　当前关于矿用设备的可靠性问题及其寿命预测的研究得到了国内外学者的广泛关注。对这些机械设备可靠性的分析和研究，具有非常重要的战略意义。机械设备，尤其是矿用设备的结构复杂、零部件众多而且耦合紧密，增加了发生故障的可能性，零部件故障会降低设备的运行可靠性甚至发生灾难性事故。为了保证设备的运行安全可靠，避免重大事故发生，对矿用设备运行过程中的时变不确定性进行分析及其寿命预测就很有必要。

机械时变不确定性分析的数学基础

不确定数学是以概率论为基础的数学体系，"确定"就是指"概率100%情况"下，不确定性就是指事先不能准确知道某个事件或某种决策的结果。或者说，只要事件或决策的可能结果不止一种，就会产生不确定性。不确定性广泛存在于工程实际中，一般认为是不肯定性、不确知性和可变性。对已经认识到的不确定性信息，已有了各自的工程估计方法。

处理随机信息的数学方法是考虑客观事物随机性的随机数学方法，它是以概率统计为基础的，根据概率基础建立随机现象的数学模型，并用数学语言来描述它们，进而研究其基本规律，找出其内在规律，并以数学的形式来描述这些规律；处理模糊信息的方法是模糊数学，它已初步应用于模糊控制、模糊决策、模糊评判、信息检索、医学、生物学等各个方面；处理灰色信息的方法是灰色数学，灰色系统理论研究的对象是部分信息已知，部分信息未知或非确知的系统，目前灰色系统已在工程技术、经济管理、气象预报以及政治等领域取得了一定的应用成果；处理未确知信息的方法是未确知数学，未确知数学研究的是未确知量和未确知信息。目前未确知数学已应用于专家系统理论、结构软件设计理论、广义可靠性理论、结构维修理论等。

2.1 随机事件与概率

2.1.1 随机事件

研究随机现象的第一步就是研究随机试验与样本空间。

具有下列三个特性的试验称为随机试验：（1）试验可以在相同的条件下重复地进行；（2）每次试验的可能结果不止一个，但事先知道每次试验所有可能的结果；（3）每次试验前不能确定哪一个结果会出现。随机试验中的每一个可能出现的试验结果称为这个试验的一个样本点，记作 ω_i。全体样本点组成的集合称为这个试验的样本空间，记作 Ω，即 $\Omega = \{\omega_1, \omega_2, \cdots, \omega_n, \cdots\}$。仅含一个样本点的随机事件称为基本事件，含有多个样本点的随机事件称为复合事件。

在随机试验中，可能出现也可能不出现，而在大量重复试验中具有某种规律性的事件叫做随机事件，简称事件。随机事件通常用大写英文字母 A、B、C 等表示。必然事件与不可能事件是两个特殊的随机事件，必然事件通常用 Ω 表示，不可能事件通常用 $\varnothing$ 表示。

2.1.2 概率

概率是对随机事件发生的可能性的度量，一般以一个在 0 到 1 之间的实数表示一个事件发生的可能性大小。越接近 1，该事件越可能发生；越接近 0，则该事件越不可能发生。

2.1.2.1 概率的古典定义

如果一个试验满足两条：

（1）试验只有有限个基本结果；

（2）试验的每个基本结果出现的可能性是一样的。

这样的试验便是古典试验。

对于古典试验中的事件 A，它的概率定义为：$P(A) = m/n$，其中 n 表示该试验中所有可能出现的基本结果的总数目。m 表示事件 A 包含的试验基本结果数。这种定义概率的方法称为古典定义。

古典概率讨论的对象局限于随机试验所有可能结果为有限个等可能的情形，即基本空间由有限个元素或基本事件组成，其个数记为 n，每个基本事件发生的可能性是相同的。计算古典概率，可以用穷举法列出所有基本事件，再数清一个事件所含的基本事件个数相除，即借助组合计算可以简化计算过程。

2.1.2.2 公理化定义

概率的公理化定义是苏联数学家柯尔莫哥洛夫（Kolmogorov）于 1933 年给出，如下：

设 E 是随机试验，Ω 是它的样本空间。对于 E 的每一事件 A 赋予一个实数，记为 $P(A)$，称为事件 A 的概率。这里 $P(\cdot)$ 是一个集合函数，$P(\cdot)$ 要满足下列条件：

（1）非负性：对于每一个事件 A，有 $P(A) \geq 0$；

（2）规范性：对于必然事件 S，有 $P(S) = 1$；

（3）可列可加性：设 A_1，A_2，…是两两互不相容的事件，即对于 $i \neq j$，$A_i \cap A_j = \varnothing$，$(i, j = 1, 2, \cdots)$，则有 $P(A_1 \cup A_2 \cup \cdots) = P(A_1) + P(A_2) + \cdots$。

2.2 随机事件的关系与运算

（1）包含：若事件 A 发生，一定导致事件 B 发生，那么，称事件 B 包含事

件 A，记作 $A \subset B$（或 $B \supset A$）。

（2）相等：若两事件 A 与 B 相互包含，即 $A \supset B$ 且 $B \supset A$，那么，称事件 A 与 B 相等，记作 $A = B$。

（3）和事件："事件 A 与事件 B 中至少有一个发生"这一事件称为 A 与 B 的和事件，记作 $A \cup B$；"n 个事件 A_1，A_2，$\cdots$，A_n 中至少有一事件发生"这一事件称为 A_1，A_2，$\cdots$，A_n 的和，记作 $A_1 \cup A_2 \cup \cdots \cup A_n$（简记为 $\bigcup\limits_{i=1}^{n} A_i$）。

（4）积事件："事件 A 与事件 B 同时发生"这一事件称为 A 与 B 的积事件，记作 $A \cap B$（简记为 AB）；"n 个事件 A_1，A_2，$\cdots$，A_n 同时发生"这一事件称为 A_1，A_2，$\cdots$，A_n 的积事件，记作 $A_1 \cap A_2 \cap \cdots \cap A_n$（简记为 $A_1 A_2 \cdots A_n$ 或 $\bigcap\limits_{i=1}^{n} A_i$）。

（5）互不相容：若事件 A 和 B 不能同时发生，即 $AB = \varnothing$，那么称事件 A 与 B 互不相容（或互斥），若 n 个事件 A_1，A_2，$\cdots$，A_n 中任意两个事件不能同时发生，即 $A_i A_j = \varnothing$（$1 \leqslant i < j \leqslant n$），那么，称事件 A_1，A_2，$\cdots$，A_n 互不相容。

（6）对立事件：若事件 A 和 B 互不相容，且它们中必有一事件发生，即 $AB = \varnothing$ 且 $A \cup B = \Omega$，那么，称 A 与 B 是对立的，事件 A 的对立事件（或逆事件），记作 $\bar{A}$。

（7）差事件：若事件 A 发生且事件 B 不发生，那么，称这个事件为事件 A 与 B 的差事件，记作 $A - B$（或 $A\bar{B}$）。

（8）交换律：对任意两个事件 A 和 B，有：

$$A \cup B = B \cup A, \quad AB = BA$$

（9）结合律：对任意事件 A，B，C，有：

$$A \cup (B \cup C) = (A \cup B) \cup C, A \cap (B \cap C) = (A \cap B) \cap C$$

（10）分配律：对任意事件 A、B、C，有：

$$A \cup (B \cap C) = (A \cup B) \cap (A \cup C), A \cap (B \cup C) = (A \cap B) \cup (A \cap C)$$

（11）德·摩根（De Morgan）法则：对任意事件 A 和 B，有：

$$\overline{A \cup B} = \bar{A} \cap \bar{B}, \quad \overline{A \cap B} = \bar{A} \cap \bar{B}$$

（12）有限可加性：设 n 个事件 $A_1 A_2$，$\cdots$，A_n 两两互不相容，则有：

$$P(A_1 \cup A_2 \cup \cdots \cup A_n) = \sum_{i=1}^{n} P(A_i)$$

（13）对于任意一个事件 A，有：

$$P(\bar{A}) = 1 - P(A)$$

（14）若事件 A，B 满足 $A \subset B$，则有：

$$P(B - A) = P(B) - P(A), P(A) \leqslant P(B)$$

（15）加法公式：对于任意两个事件 A、B，有：

$$P(A \cup B) = P(A) + P(B) - P(AB)$$

对于任意 n 个事件 A_1，A_2，$\cdots$，A_n，有：

$$P(\bigcup_{i=1}^{n} A_i) = \sum_{i=1}^{n} P(A_i) - \sum_{1 \leqslant i < j \leqslant n} P(A_i A_j) + \sum_{1 \leqslant i < j < k \leqslant n} P(A_i A_j A_k) - \cdots +$$
$$(-1)^{n-1} P(A_1 \cdots A_n)$$

（16）条件概率与乘法公式：设 A 与 B 是两个事件. 在事件 B 发生的条件下事件 A 发生的概率称为条件概率，记作 $P(A \mid B)$。当 $P(B) > 0$，规定：

$$P(A \mid B) = \frac{P(AB)}{P(B)}$$

在同一条件下，条件概率具有概率的一切性质。

乘法公式：对于任意两个事件 A 与 B，当 $P(A) > 0, P(B) > 0$ 时，有：

$$P(AB) = P(A)P(B \mid A) = P(B)P(A \mid B)$$

（17）随机事件的相互独立性：如果事件 A 与 B 满足

$$P(AB) = P(A)P(B)$$

那么，称事件 A 与 B 相互独立。

如果 $P(A) > 0$，那么，事件 A 与 B 相互独立的充分必要条件是 $P(B \mid A) = P(B)$；如果 $P(B) > 0$，那么，事件 A 与 B 相互独立的充分必要条件是 $P(A \mid B) = P(A)$。

2.3 随机变量及其分布函数

2.3.1 随机变量

给定样本空间 $(S, \mathbb{F})$，如果其上的实值函数 $X : S \to \mathbb{R}$ 是 $\mathbb{F}$（实值）可测函数，则称 X 为（实值）随机变量（图 2 - 1）。初等概率论中通常不涉及可测性的概念，而直接把任何 $X : S \to \mathbb{R}$ 的函数称为随机变量。

如果 X 指定给概率空间 S 中每一个事件 e 一个实数 $X(e)$，同时针对每一个

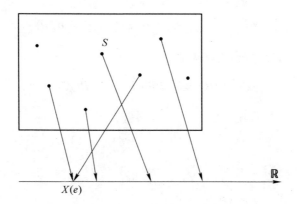

图 2 – 1　随机变量 X

实数 r 都有一个事件集合 A_r 与其相对应，其中 $A_r = \{e : X(e) \leqslant r\}$，那么 X 被称作随机变量。随机变量实质上是函数，不能把它的定义与变量的定义相混淆，另外概率函数 P 并没有在考虑之中。

　　按照随机变量可能取得的值，可以把它们分为两种基本类型：（1）离散型随机变量，即在一定区间内变量取值为有限个，或数值可以一一列举出来；（2）连续型随机变量，即在一定区间内变量取值有无限个，或数值无法一一列举出来。

2.3.2　随机变量的分布函数

2.3.2.1　随机变量分布函数的定义和性质

A　分布函数的定义

设 X 是随机变量，称定义在 $(-\infty，+\infty)$ 上的实值函数 $F(x) = P(X \leqslant x)$ 为随机变量 X 的分布函数。

B　分布函数的性质

（1）$0 \leqslant F(x) \leqslant 1$；

（2）单调不减性：$F(x_1) \leqslant F(x_2)，x_1 \leqslant x_2$；

（3）$\lim_{x \to -\infty} F(x) = 0，\lim_{x \to +\infty} F(x) = 1$；

（4）右连续性：$F(x+0) = F(x)$；

（5）$P(a < X \leqslant b) = F(b) - F(a)$，

$P(X > a) = 1 - P(X \leqslant a) = 1 - F(a)$，

$P(X = a) = F(a) - F(a - 0)$。

注：该性质是分布函数 $F(x)$ 对随机变量 X 的统计规律的描述。

2.3.2.2 离散型随机变量的分布函数（概率函数）

设离散型随机变量 X 的可能取值为 $a_i (i = 1, 2, \cdots, n, \cdots)$，$P_i = P(X = a_i)$，$i = 1, 2, \cdots, n, \cdots$。

若 $\sum\limits_{i=1}^{\infty} p_i = 1$，则称 $p_i (i = 1, 2, \cdots, n, \cdots)$ 是离散型随机变量 X 的概率分布函数，概率函数也可用表 2 - 1 的形式表示。

表 2 - 1　概率函数表示形式

X	a_1	a_2	$\cdots$	a_n	$\cdots$
P_i	p_1	p_2	$\cdots$	p_n	$\cdots$

概率函数的性质：

（1） $p_i \geqslant 0$，$i = 1, 2, \cdots, n, \cdots$;

（2） $\sum\limits_{i=1}^{\infty} p_i = 1$。

由已知的概率函数可以算得概率：

$$P(X \in S) = \sum_{a_i \in S} p_i$$

式中，S 为实数轴上的一个集合。

常用离散型随机变量的分布：

（1） 0—1 分布（0 - 1 distribution）$B(1, p)$。它的概率函数为：

$$P(X = i) = p^i (1 - p)^{1-i} \tag{2-1}$$

式中，$i = 0$ 或 1，$0 < p < 1$。

两点分布又称伯努利（Bernoulli）分布，该分布虽然简单，但实际中很常见，如新生儿是男还是女、明天是否下雨、种子是否发芽等。任何一个只有两种可能结果的试验都可以用一个服从两点分布的随机变量来描述。

（2） 二项分布（Binomial distribution）$B(n, p)$。它的概率函数为：

$$P(X = i) = \binom{n}{i} p^i (1 - p)^{n-i} \tag{2-2}$$

式中，$i = 0, 1, 2, \cdots, n$，$0 < p < 1$。

在 n 次伯努利试验中，事件 A 出现的次数 X 服从二项分布。比如，有放回的抽检 10 个产品，其中次品的个数 X 服从二项分布 $B(10, p)$，其中 p 是次品率。又如，随机调查 30 个人，30 个人中是"左撇子"的人数 X 服从二项分布 $B(30, p)$，其中 p 是"左撇子"率。可见二项分布中的参数 p 通常联系于一个比率，故称为比率参数。有放回抽样问题可用二项分布描述。

（3）超几何分布（Hypergeometric distribution）。设 N，M，n 为正整数，且 $n \leqslant N$，$M \leqslant N$，又设随机变量 X 的概率函数为：

$$P(X = k) = \frac{\dbinom{M}{k}\dbinom{N-M}{n-k}}{\dbinom{N}{n}} \quad k = 0, 1, \cdots, n \qquad (2-3)$$

则称随机变量 X 服从参数为 N，M，n 的超几何分布。

前面已经知道有放回抽样问题可用二项分布描述、而超几何分布描述的是不放回抽样问题。而直观上，当 N 很大，产品中的次品率随 N 的增加而趋向于常数 p 时，不放回抽样可近似地看做有放回的抽样。

（4）泊松分布（Poisson distribution）$P(\lambda)$。它的概率函数为：

$$P(X = i) = \frac{\lambda^i}{i!} \mathrm{e}^{-\lambda} \qquad (2-4)$$

式中，$i = 0, 1, 2, \cdots, n, \cdots$，$\lambda > 0$。

泊松分布是一种应用广泛的离散型分布，可以作为单位时间或出现的次数的模型，比如：

1）单位时间内，某网站受到攻击的次数；

2）单位时间内，进入银行的顾客数；

3）某区域被炸弹击中的次数；

4）某湖泊中某种鱼的数量。

（5）几何分布（Geometric distribution）$G(p)$。它的概率函数为：

$$P(X = i) = p(1-p)^{i-1} \qquad (2-5)$$

式中，$i = 1, 2, \cdots$，$0 < p < 1$。

几何分布描述的是伯努利试验中首次"成功"（A 发生）时的试验次数，它有非常广泛的应用背景。对于服从几何分布的随机变量，还可以解释为"寿命"

数据。例如依次进行的射击试验，首次击中目标试验即停止，则试验总次数 X 可解释为射击目标的寿命服从几何分布。事实上，金属软管的寿命为它能承受的脉冲次数，也服从几何分布。

（6）负二项分布（Negative binomial distribution）。它的概率函数为：

$$P(X = n) = C_{n-1}^{r-1} p^r (1-p)^{n-r} \qquad (2-6)$$

式中，$n = r$，$r+1$，$r+2$，$\cdots$。

考虑伯努利试验序列，每次成功的概率为 p，$0 < p < 1$，试验进行到累计成功 r 次为止。X 表示所需要的试验次数。

（7）均匀分布（Uniform distribution）。它的概率函数为：

$$P(X = a_i) = \frac{1}{n} \qquad (2-7)$$

式中，$i = 0$，1，2，$\cdots$，n。

2.3.2.3　连续型随机变量的分布函数

随机变量的分布可以用其分布函数来表示，随机变量 X 取值不大于实数 x 的概率 $P(X \leqslant x)$ 称为随机变量 X 的分布函数，记作 $F(x)$，即：

$$F(x) = P(X \leqslant x), \ -\infty < x < \infty$$

A　连续型随机变量分布函数 $F(x)$ 的性质

（1）$0 \leqslant F(x) \leqslant 1$；

（2）$F(x)$ 是非减函数，即当 $x_1 < x_2$ 时，有 $F(x_1) \leqslant F(x_2)$；

（3）$\lim\limits_{x \to -\infty} F(x) = 0$，$\lim\limits_{x \to +\infty} F(x) = 1$；

（4）$F(x)$ 是右连续函数，即 $\lim\limits_{x \to a+0} F(x) = F(a)$。

由已知随机变量 X 的分布函数 $F(x)$，可算得 X 落在任意区间 $(a, b]$ 内的概率：

$$P(a < X \leqslant b) = F(b) - F(a) \qquad (2-8)$$

也可以求得：

$$P(X = a) = F(a) - F(a-0) \qquad (2-9)$$

B　连续型随机变量及其概率密度

设随机变量 X 的分布函数为 $F(x)$，如果存在一个非负函数 $f(x)$，使得对于任一实数 x，有

$$F(x) = \int_{-\infty}^{x} f(x)\,\mathrm{d}x \qquad (2-10)$$

成立，则称 X 为连续型随机变量，函数 $f(x)$ 称为连续型随机变量 X 的概率密度。

概率密度 $f(x)$ 及连续型随机变量的性质如下：

（1）$f(x) \geqslant 0$；

（2）$\int_{-\infty}^{+\infty} f(x)\,\mathrm{d}x = 1$；

（3）连续型随机变量 X 的分布函数为 $F(x)$ 是连续函数，且在 $F(x)$ 的连续点处有 $F'(x) = f(x)$；

（4）设 X 为连续型随机变量，则对任意一个实数 c，$P(X=c) = 0$；

（5）设 $f(x)$ 是连续型随机变量 X 的概率密度，则有：

$$P(a < X < b) = P(a \leqslant X < b) = P(a \leqslant X \leqslant b)$$
$$= P(a < X \leqslant b) = \int_{a}^{b} f(x)\,\mathrm{d}x$$

C　常用的连续型随机变量的分布

（1）均匀分布（Uniform distribution）。如果随机变量 X 的概率密度函数为：

$$f(x) = \begin{cases} \dfrac{1}{b-a} & a \leqslant x \leqslant b \\ 0 & \text{其他} \end{cases} \qquad (2-11)$$

式中，$-\infty < a < b < +\infty$，则称 X 在区间 $[a, b]$ 上服从均匀随机变量，记为 $X \sim U[a,b]$。

根据概率密度 $f(x)$ 及连续型随机变量的性质可得 X 的分布函数：

$$F(x) = \begin{cases} 0 & a < x \\ \dfrac{x-a}{b-a} & a < x < b \\ 1 & x > b \end{cases} \qquad (2-12)$$

$f(x)$ 和 $F(x)$ 的图形如图 2 − 2 和图 2 − 3 所示。

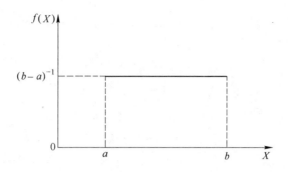

图 2 − 2　均匀分布的密度函数图

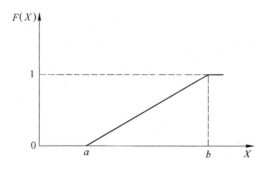

图 2 − 3　均匀分布的分布函数

如果随机变量 $X \sim U[a,b]$，则对于任意满足 $a \leqslant c < d \leqslant b$ 的 c 和 d，有：

$$P(c \leqslant X \leqslant d) = \int_c^d f(x)\,\mathrm{d}x = \frac{d-c}{b-a} \qquad (2-13)$$

这说明 X 落入区间 $[a, b]$ 中任一子区间的概率与该子区间的长度成正比，而与子区间的具体位置无关，这就是均匀分布的概率意义。

（2）指数分布（Exponential distribution）。如果随机变量的概率密度函数为：

$$f(x) = \begin{cases} \lambda \mathrm{e}^{-\lambda x} & x > 0 \\ 0 & x \leqslant 0 \end{cases} \qquad (2-14)$$

式中，$\lambda > 0$，则称 X 服从参数为 λ 的指数分布，记为 $X \sim \exp(\lambda)$。

根据概率密度 $f(x)$ 及连续型随机变量的性质可得 X 的分布函数：

$$F(x) = \begin{cases} 1 - e^{-\lambda x} & x \geqslant 0 \\ 0 & x < 0 \end{cases} \qquad (2-15)$$

$f(x)$ 和 $F(x)$ 的图形如图 2 - 4 和图 2 - 5 所示。

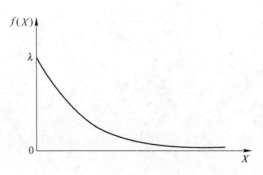

图 2 - 4 指数分布的密度函数图

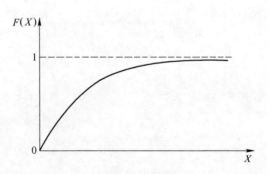

图 2 - 5 指数分布的分布函数

指数分布经常用来描述某个事件出现的等待时间。比如，地震发生的时间间隔、电子元件的使用寿命、顾客接受服务的时间等。与几何分布类似，指数分布也是一种"无记忆性"分布，并且是唯一具有无记忆性的连续型分布。指数分布在排队论、保险和可靠性理论中有广泛的应用。

设 X 服从参数为 λ 的指数分布，则对任意 $x>0$, $y>0$ 有：

$$P(X > x + y \mid X > y) = \frac{P(X > x + y, X > y)}{P(X > y)}$$

$$= \frac{P(X > x + y)}{P(X > y)} = \frac{e^{-\lambda(x+y)}}{e^{-\lambda y}} = e^{-\lambda x} = P(X > x) \qquad (2-16)$$

如果用 x 表示某个产品的寿命，上式说明，在已知该产品使用 y 小时的条件下寿命至少为 $x+y$ 的概率，与开始时寿命至少为 x 的概率一样. 换言之，如果该产品在使用 y 小时后还能使用，那么剩余寿命和开始寿命的分布相同，就好像该产品对已经使用的 y 小时没有记忆了。

（3）正态分布（Normal distribution）。设随机变量 X 的概率密度函数为：

$$f(x) = \frac{1}{\sqrt{2\pi}\sigma}e^{-\frac{(x-\mu)^2}{2\sigma^2}} \quad -\infty < x < +\infty \qquad (2-17)$$

式中，$\mu, \sigma(\sigma > 0)$ 为常数，则称 X 为服从参数 (μ, σ^2) 的正态分布，记为 $X \sim N(\mu, \sigma^2)$。

根据概率密度 $f(x)$ 及连续型随机变量的性质可得 X 的分布函数：

$$F(x) = \frac{1}{\sqrt{2\pi}\sigma}\int_{-\infty}^{x} \exp\left[-\frac{(t-\mu)^2}{2\sigma^2}\right]dt \qquad (2-18)$$

$f(x)$ 和 $F(x)$ 的图形如图 2-6 和图 2-7 所示。

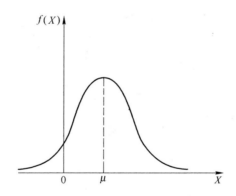

图 2-6 正态分布的密度函数图

正态分布的密度函数 $f(x)$ 具有下列分析性质：

在直角坐标系内 $f(x)$ 的图形呈钟形（图 2-6）。在 $x = \mu$ 处取得最大值 $f(\mu) = \frac{1}{\sqrt{2\pi}\sigma}$，关于直线 $x = \mu$ 对称；在 $x = \mu \pm \sigma$ 处有拐点，以 x 轴为渐近线；当 σ 较大时，曲线平缓，当 σ 较小时，曲线陡峭。另外，如果 σ 固定，改变 μ 的值，则 $f(x)$ 的图形沿着 x 轴平行移动，而其形状不变。可见 $f(x)$ 的形状完全由 σ 决定，而位置由 μ 来决定。不同 σ 的正态分布的密度函数图如图 2-8 所示。

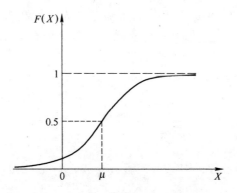

图 2 - 7　正态分布的分布函数

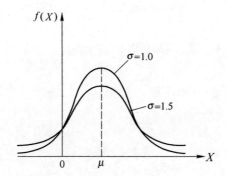

图 2 - 8　不同 σ 的正态分布的密度函数图

当 $X \sim N\left[0,1\right]$ 时，称 X 服从标准正态分布，其概率密度函数和分布函数分别表示为 $f(x)$ 和 $\Phi(x)$，即：

$$f(x) = \frac{1}{\sqrt{2\pi}} \mathrm{e}^{-\frac{x^2}{2}} \quad -\infty < x < +\infty \tag{2-19}$$

$$\Phi(x) = \int_{-\infty}^{x} \frac{1}{\sqrt{2\pi}} \mathrm{e}^{-\frac{t^2}{2}} \mathrm{d}t \tag{2-20}$$

不同 μ 正态分布的密度函数图如图 2 - 9 所示。$f(x)$ 和 $\Phi(x)$ 的图形如图 2 - 10 和图 2 - 11 所示。

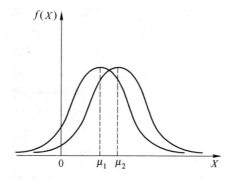

图 2-9 不同的 μ 正态分布的密度函数图

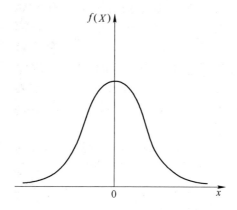

图 2-10 标准正态分布的密度函数

当 $x \geq 0$ 时，$\Phi(x)$ 可查表得到；当 $x < 0$ 时，$\Phi(x)$ 可由下面性质得到：

$$\Phi(-x) = 1 - \Phi(x)$$

设 $X \sim N(\mu, \sigma^2)$，则有：

$$F(x) = \Phi\left(\frac{x - \mu}{\sigma}\right) \tag{2-21}$$

$$P(a < X \leq b) = \Phi\left(\frac{b - \mu}{\sigma}\right) - \Phi\left(\frac{a - \mu}{\sigma}\right) \tag{2-22}$$

如果随机变量 X 服从正态分布，可以得到 X 在某个区间的概率 P。这样做的

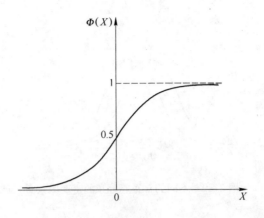

图 2 - 11　标准正态分布函数

依据是：正常情况下测量（或实验）误差服从正态分布。正态分布是许多统计方法的理论基础。检验、方差分析、相关和回归分析等多种统计方法均要求分析的指标服从正态分布。许多统计方法虽然不要求分析指标服从正态分布，但相应的统计量在大样本时近似正态分布，因而大样本时这些统计推断方法也是以正态分布为理论基础的。

（4）Γ 分布（Gamma distribution）。如果随机变量 X 的概率密度函数为：

$$f(x) = \begin{cases} \dfrac{\beta^{\alpha}}{\Gamma(\alpha)} x^{\alpha-1} e^{-\beta x} & x > 0 \\ 0 & x \leq 0 \end{cases} \qquad (2-23)$$

其中，$\alpha > 0$，$\beta > 0$ 为参数；$\Gamma(\alpha)$ 为微积分中的 Γ 函数，则称 X 服从 Γ 分布，记为 $X \sim \Gamma(\alpha, \beta)$。

Γ 分布含有两个参数 α 和 β，α 和 β 的不同取值将得到不同的分布，根据概率密度 $f(x)$ 及连续型随机变量的性质可得 X 的密度函数，如图 2 - 12 所示。

例如 $\Gamma(1, \beta)$ 就是参数为 β 的指数分布。另外 Γ 分布在推导统计学中有重要地位的 χ^2 分布、t 分布、F 分布时很有用，它是一种重要的非正态分布。

（5）Beta 分布（Beta distribution）。如果随机变量 X 的概率密度函数为：

$$f(x) = \begin{cases} \dfrac{1}{B(\alpha, \beta)} x^{\alpha-1} (1-x)^{\beta-1} & 0 < x < 1 \\ 0 & \text{其他} \end{cases} \qquad (2-24)$$

其中 $\alpha > 0$，$\beta > 0$ 为参数，$B(\alpha, \beta)$ 是 Beta 函数，则称 X 服从 Beta 分布，记为 $X \sim$

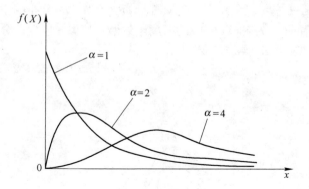

图 2 - 12　Γ 分布密度函数（$\beta = 1$, $\alpha = 1$, 2, 4）

Beta(α, β)。参数 $\alpha > 0$, $\beta > 0$ 的不同取值对应不同的密度函数，如图 2 - 13 所示。

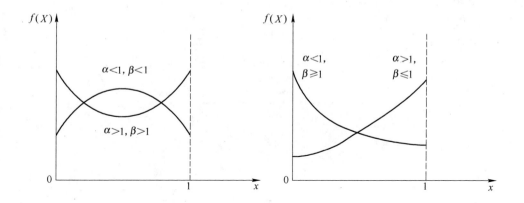

图 2 - 13　Beta 分布概率密度函数

　　服从 Beta 分布 $B(\alpha, \beta)$ 的随机变量是仅在区间（0，1）取值的，所以不合格品率、机器的维修率、市场的占有率、射击的命中率等各种比率常选用 Beta 分布作为它们的概率分布，特别地，当 $\alpha = 1$, $\beta = 1$ 时，$B(1, 1)$ 就是均匀分布 U（0，1）。

　　（6）柯西分布（Cauchy distribution）。如果随机变量 X 的概率密度函数为：

$$f(x) = \frac{1}{\pi} \frac{1}{1 + (x - \theta)^2} \qquad -\infty < x < \infty \qquad (2 - 25)$$

式中，$\theta \in R$ 为参数，则称 X 服从参数为 θ 的柯西分布，记为 $X \sim \mathrm{Cauchy}(\theta)$。

柯西分布是（$-\infty$，∞）上一类对称分布，参数 θ 是分布的中心，密度函数形状呈钟形、$\mathrm{Cauchy}(\theta)$ 和 $N(\theta,1)$ 的密度函数形状相似，但柯西分布的尾部更重一些，如图 2 – 14 和图 2 – 15 所示。

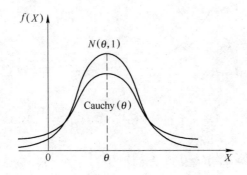

图 2 – 14　正态分布和柯西分布的密度函数

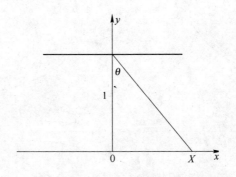

图 2 – 15　柯西分布和均匀的联系

（7）对数正态分布（Lognormal distribution）。它的概率密度为：

$$f(x) = \begin{cases} \dfrac{1}{\sqrt{2\pi}\sigma' x} e^{-\frac{\ln(x-\mu')^2}{2\sigma'^2}} & -\infty < x < +\infty \\ 0 \end{cases} \tag{2-26}$$

式中，μ'，$\sigma' > 0$ 为常数，则称 X 服从参数为 μ' 和 σ' 的对数正态分布，记作 $X \sim$

$LN(\mu',\sigma'^2)$。

对数正态分布的分布函数为：

$$f(x) = \int_0^x \frac{1}{\sqrt{2\pi}\sigma't} e^{-\frac{(\ln t-\mu')^2}{2\sigma'^2}} dt \quad x > 0 \qquad (2-27)$$

$f(x)$ 和 $F(x)$ 的图形如图 2-16 和图 2-17 所示。

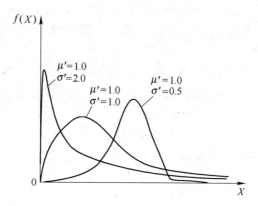

图 2-16　标准对数正态分布的密度函数

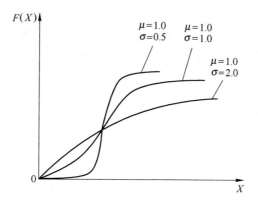

图 2-17　标准对数正态分布函数

若 $X \sim LN(\mu',\sigma'^2)$，则

$$P\{x_1 \leqslant X \leqslant x_2\} = \Phi\left(\frac{\ln x_2 - \mu'}{\sigma'}\right) - \Phi\left(\frac{\ln x_1 - \mu'}{\sigma'}\right) \qquad (2-28)$$

2.4 随机过程

随机过程是随机变量的集合。若一随机系统的样本点是随机函数，则称此函数为样本函数，这一随机系统全部样本函数的集合是一个随机过程，它是一族随机变量动态关系的定量描述。

2.4.1 随机过程的定义及分类

设 (Ω, F, P) 为一概率空间，另设集合 T 为一指标集合。如果对于所有 $t \in T$，均有一随机变量 $\zeta_t(\omega)$ 定义于概率空间 (Ω, F, P)，则集合 $\{\zeta_t(\omega) \mid t \in T\}$ 为一随机过程。

通常，指标集合 T 代表时间，以实数或整数表示。以实数形式表示时，随机过程称为连续随机过程；以整数表示时，则为离散随机过程。随机过程中的参数 ω 只为分辨同类随机过程中的不同实例。

$E = \{x : X(t) = x, t \in T\}$ 称为状态空间。

随机过程可按参数集 T 及状态空间 E 进行分类，见表 2－2。

表 2－2　随机过程分类

分　　类		参数集 T	
		离　散	连　续
状态空间 E	离散	离散参数链	连续参数链
	连续	随机序列	随机过程

2.4.2 随机过程的数字特征

在实际工作中，要确定随机过程的多维概率分布及多维概率密度是比较困难的，因此在实际应用中，对随机过程仅研究它的几个最主要的数字特征。

随机过程 $X(t)$ 的数学期望为：

$$E[X(t)] = m_X(t) = \int_{-\infty}^{\infty} x f_X(x,t)\,\mathrm{d}x \tag{2－29}$$

随机过程 $X(t)$ 的方差为：

$$D[X(t)] = \sigma_X^2(t) = \int_{-\infty}^{\infty} [X(t) - m_X(t)]^2 f_X(x,t)\,\mathrm{d}x \tag{2－30}$$

随机过程的数学期望和方差是时间 t 的确定性函数。其中数学期望表示随机过程 $X(t)$ 的瞬时统计均值，是对随机过程所有样本函数在时间 t 的所有取值进行概率加权平均，所以又称为集合平均。随机过程的方差为非负函数，它是随机过程的二阶中心矩，描述了随机过程诸样本偏离其数学期望的程度，方差的平方根 $\sigma_X(t)$ 称为随机过程的根方差或标准差。

由随机过程的数学期望和方差表达式可得：

$$D[X(t)] = E[X^2(t)] - E^2[X(t)] \tag{2-31}$$

随机过程 $X(t)$ 的自相关函数定义为其二阶混合原点矩：

$$\begin{aligned} R_X(t_1,t_2) &= E[X(t_1)X(t_2)] \\ &= \int_{-\infty}^{\infty}\int_{-\infty}^{\infty} x_1 x_2 f_X(x_1,x_2,t_1,t_2)\,\mathrm{d}x_1\mathrm{d}x_2 \end{aligned} \tag{2-32}$$

式中，$X(t_1)$、$X(t_2)$ 分别为随机过程 $X(t)$ 在参数为 t_1、t_2 时的状态；$f_X(x_1,x_2,t_1,t_2)$ 为其相应的二维概率密度。随机过程的自相关函数一般是参数 t_1、t_2 的函数。

随机过程的自相关函数可以为正、零或者负值。自相关函数绝对值越大，表示随机过程的自相关性越强。一般 t_1 和 t_2 相隔越远，其相关性越弱，自相关函数的绝对值就越小。当 $t_1 = t_2 = t$ 时，其相关性应是最强的，自相关函数 $R_X(t,t)$ 就有最大值：

$$R_X(t,t) = E[X^2(t)] = D[X(t)] + E^2[X(t)] \tag{2-33}$$

随机过程 $X(t)$ 的自协方差函数定义为其二阶混合中心距：

$$\begin{aligned} K_X(t_1,t_2) &= E\{[X(t_1)-m_X(t_1)][X(t_2)-m_X(t_2)]\} \\ &= \int_{-\infty}^{\infty}\int_{-\infty}^{\infty}[X(t_1)-m_X(t_1)][X(t_2)-m_X(t_2)]f_X(x_1,x_2,t_1,t_2)\,\mathrm{d}x_1\mathrm{d}x_2 \end{aligned} \tag{2-34}$$

自协方差函数与自相关函数的关系为：

$$K_X(t_1,t_2) = R_X(t_1,t_2) - E[X(t_1)]E[X(t_2)] \tag{2-35}$$

可见随机过程的自协方差函数与自相关函数所描述的特性是一致的。当 $t_1 =$

$t_2 = t$ 时，显然有：

$$K_X(t_1, t_2) = E\{[X(t) - m_X(t)]^2\} = D[X(t)] \tag{2-36}$$

若随机过程的状态是离散的，则其数字特征可直接应用概率进行统计更为方便。设随机过程 $X(t)$ 共有 N 个离散状态，在任意时刻 t 其相应的状态为 $x_1(t)$，$x_2(t), \cdots, x_N(t)$，取这些状态的概率分布列为 $p_1(t), p_2(t), \cdots, p_N(t)$，则离散型随机过程的数字特征为：

$$E[X(t)] = \sum_{i=1}^{N} x_i(t) p_i(t) \tag{2-37}$$

$$D[X(t)] = \sum_{i=1}^{N} [x_i(t) - m_X(t)]^2 p_i(t) \tag{2-38}$$

$$R_X(t_1, t_2) = \sum_{j=1}^{N} \sum_{i=1}^{N} x_i(t_1) x_j(t_2) p_{ij}(t_1, t_2) \tag{2-39}$$

$$K_X(t_1, t_2) = \sum_{j=1}^{N} \sum_{i=1}^{N} [x_i(t_1) - m_X(t_1)][x_j(t_2) - m_X(t_2)] p_{ij}(t_1, t_2) \tag{2-40}$$

式中，$p_{ij}(t_1, t_2)$ 为 $t = t_1$ 时出现 x_i，$t = t_2$ 时出现 x_j 的联合概率。

由随机过程的数学期望和方差表达式可得对于随机过程统计特性的研究，一般有两条常见的途径：一条途径侧重于研究随机过程的概率结构，如研究某时刻过程所取状态与前一时刻的状态的联合分布函数或联合概率密度，或研究某时刻状态的概率分布与前一些时刻状态的概率分布之间的关系；另一条途径则侧重于对随机过程统计平均性质的研究，如研究随机过程的数学期望和相关函数等。前一条研究途径主要用于对马尔可夫（Markov）过程的研究，后一条研究途径主要用于对二阶矩过程、平稳过程等的研究。

2.5 布朗运动

布朗（Brownian）运动最初是由英国生物学家在 1827 年发现的，他通过在显微镜下观察悬浮在液面上的花粉，发现了花粉在液面上做"无规则运动"这一物理现象。首先对于这一现象的数学描述是由爱因斯坦（Einstein）在 1905 年给出的，但是精确的数学描述是由维纳（Wiener）在 1918 年作出的，1918 年维纳建立了这种运动的数学模型，该模型被称为"维纳过程"，由于该运动最早是由布朗发现的，也被称为"布朗运动"。布朗运动（Brownian Motion）是一种最重要、最基本的随机过程，是一个具有连续状态空间和连续时间参数的随机过程，它是随机过程的基石，是现代概率论的重要组成部分，其他的许多随机过程可以看成是它的推广。然而真正用于描述布朗运动随机过程的定义是维纳给出的，因此布朗运动又称为维纳过程。维纳过程是布朗运动的数学模型。维纳过程定义随机过程 $\{X(t),t \geqslant 0\}$ 如果满足：

（1）$\{X(t),t \geqslant 0\}$ 具有平稳独立增量；

（2）对每个 $t>0,X(t)$ 服从正态分布 $N(0,\sigma^2 t)$；

（3）$X(t)$ 关于 t 是连续函数，则称 $\{X(t),t \geqslant 0\}$ 为 Brownian 运动，也称为 Wiener 过程。常记为 $\{B(t),t \geqslant 0\}$ 或 $\{W(t),t \geqslant 0\}$。

注：如果 $\sigma=1$，称为标准 Brownian 运动。

如果 $\sigma \neq 1$，通过 $\left\{\dfrac{X(t)}{\sigma}, t \geqslant 0\right\}$ 转化成标准 Brownian 运动。

Brownian 运动是具有下述性质的随机过程 $\{B(t),t \geqslant 0\}$：

（1）（正态增量）$\forall 0 \leqslant s < t, B(t) - B(s) \sim N(0,t-s)$；

（2）（独立增量）$\forall 0 \leqslant s < t, B(t) - B(s)$ 独立于过程的过去状态 $B(u),0 \leqslant u \leqslant s$；

（3）（路径的连续性）$B(t)$，$t \geqslant 0$ 是 t 的连续函数。

2.6 随机积分与随机微分方程

2.6.1 随机积分

随机积分是对某些随机过程类适当定义的各种积分的总称。设 $\Omega = \{w\}$ 是一个非空集，F 是由 Ω 的某些子集组成的集合族。它满足下列条件：

（1）$\Omega \in F$；

（2）如果 $A \in F$，则 $\overline{A} \in F$；

（3）如果 A，$B \in F$，则 $A \cup B \in F$。

则称 F 是一个域。

设 F 是一个域，若对任意 $A_n \in F(n=1, 2, \cdots)$ 有 $\bigcup_{n=1}^{\infty} A_n \subset F$，则称 F 为 σ 域或 σ 代数。

若 F 为 Ω 中的域，则称 (Ω, F) 为可测空间，F 中的元称为 F 可测集，简称可测集。

设 $B = \{B(t),t \in [0,\infty]\}$ 为概率空间 (Ω, F, P) 上的标准布朗运动，又设依赖于 B 的过去值的随机过程 $\Phi = \{\Phi(t,w),t \in [a,b];w \in \Omega\}$，即 Φ 关于 B 生成的 σ 代数族 $F = \sigma[B(s,\cdot),s \leqslant t]$ 适应，即：

$$\sigma[\Phi(s,\cdot),s \leqslant t] \subset \sigma[B(s,\cdot),s \leqslant t], \forall \in (a,b) \qquad (2-41)$$

假定对于任意固定的 w，$\Phi(\cdot,w)$ 都是在 $(a,b]$ 上的连续实值函数，且

$$\int_a^b E[|\Phi(u,w)|^2]\mathrm{d}u < \infty \qquad (2-42)$$

类似于函数微积分中黎曼积分（Riemann integral）的定义，采用分割、求和、取极限的步骤来定义 Φ 关于布朗运动 B 的随机积分，考虑一列分割：

$$a = t_0^{(n)} < t_1^{(n)} < t_2^{(n)} < \cdots < t_n^{(n)} = b, n = 1, 2, \cdots$$

$$\Delta_n = \max_{0 \leqslant k \leqslant n-1}(t_{k+1}^n - t_k^n) \to 0$$

取和

$$I_n(w) = \sum_{k=0}^{n-1} \Phi(t_k^n, w)[B(t_{k+1}^n, w) - B(t_k^n, w)] \qquad (2-43)$$

如果 $I_n(w)$ 对于每一个 $w \in \Omega$ 都存在极限，那么自然的就定义这个极限为 Φ 关于布朗运动 B 的随机积分，但是，一般不能保证 $\{I_n(w), n=1,2,\cdots\}$ 对于每一个 $w \in \Omega$ 都有极限。

如果 Φ 满足式（2-41）、式（2-42），则对于任意分割式（2-43）的随机变量次序依概率收敛到一个随机变量 η，即对于任意 $\varepsilon > 0$，有：

$$\lim_{n \to \infty} p(w : |I_n(w) - \eta(w)| > \varepsilon) = 0 \qquad (2-44)$$

此时，称 η 关于 B 的 Ito 随机积分，并记 $\int_a^b \Phi\mathrm{d}B \;\hat{=}\; \int_a^b \Phi(t)\mathrm{d}B(t) \;\hat{=}\; (P) \lim_{n \to \infty} I_n$。

式（2-43）右端求和时，由于 $\Delta B_k^n(w) = [B(t_{k+1}^n, w) - B(t_k^n, w)]$ 是一个复杂的随机变量族，虽然 $\lim_{n \to \infty} B_k^n(w) = 0$，但是对于不同的 $w \in \Omega$，它们趋于 0 的速度很不一致，所以，在每一个小区间 $(t_k^n, t_{k+1}^n]$ 上限定 $\Phi(\cdot,w)$ 取 t_k^n 点上的值，而不能向黎曼积分那样取该小区间上的任意点的值。

2.6.2　伊藤积分与随机微分方程

2.6.2.1　伊藤积分（Ito integral）

对于维纳过程 w_t，其在一段时间内的积分 $\int_0^t \mathrm{d}w_s$（或 $\mathrm{d}w_t^2$）的求取，是伊藤引

理推导的基础。$\int_0^t \mathrm{d}w_s$ 代表了一系列不可以预料而且变化非常剧烈的随机变量增加量 $\mathrm{d}w_t$ 的和，由于 $\mathrm{d}w_t$ 根本不存在，那么这样的总量也就无从说起。需要在随机微积分中明确微分记法 $\mathrm{d}w_t$ 的含义。

由于维纳过程的一阶变差和：

$$\sum_{i=1}^n (w_i - w_{i-1})$$

即便是在 n 趋近于无穷时也不会收敛，因此上述极限为 $+\infty$，采用通常的黎曼－斯第杰斯意义上的积分（R－S 积分）不存在。一般来说，R－S 积分定义中的达布和不会以概率 1 收敛到一定的极限，但在适当的条件下，达布和的均方极限存在。伊藤清正是利用这一性质定义了了对布朗运动的随机积分。

日本数学家伊藤清从 1942 年到 1946 年，他发表一系列论文，直接通过布朗运动的样本轨迹来定义随机积分。伊藤指出，随机积分对固定的时间 t 是随机变量，而随着 t 的流逝，它是对布朗运动 B 适应的随机过程。后来，人们把他定义的随机积分称为"伊藤积分"。引入伊藤积分后，随机微分方程就建立起来了。伊藤过程方程是一个正向随机微分方程，它是从确定 $x(0) = x_0$ 出发，根据布朗运动 $B(t)$ 在 0 到 t 之间的形态，来推测轨线的统计行为。

由于维纳过程的二阶变差和是收敛的，所以采用均方收敛下的极限概念进行随机（伊藤）积分的定义：

$$\lim_{n\to\infty} E\Big[\sum_{i=1}^n b(x_{i-1},i)(w_i - w_{i-1}) - \int_0^T b(x_t,t)\,\mathrm{d}w_t \Big]^2 = 0$$

此处 $\int_0^T b(x_t,t)\,\mathrm{d}w_t$ 就是伊藤积分。

为了保证上述类型的积分存在，需要：$E\int_0^T \big[b(x_t,t) \big]^2 \mathrm{d}t < \infty$，即 $b(x_{i-1},t)$ 不是突变的。

随机伊藤积分与传统确定性的 R－S 积分的区别在于：

（1）收敛方式的不同；

（2）伊藤积分是定义给不可以预测的被积函数的；

（3）积分算子仅限于维纳过程；

（4）确定性黎曼－斯第杰斯积分使用的是函数的真实"路径"，随机积分使用的则是随机等价物。

可以说，伊藤积分是一种极限，是对无数剧烈变化总和的一种近似，这种近似是建立在均方收敛上的。

2.6.2.2　随机微分方程

设随机过程 $\xi = \{\xi(t), t \in [0, T]\}$ 由下式给定:

$$\xi(t) = \xi(0) + \int_0^t \delta(u)\mathrm{d}(Bu) + \int_0^t b(u)\mathrm{d}u, \forall t \in [0, t] \qquad (2-45)$$

式中, $\delta = \{\delta(t), t \in [0, T]\}, b = \{b(t), t \in [0, T]\}$, 都是满足式 (2-41)、式 (2-42) 的随机过程, 并且

$$\int_0^T |\delta(t)|^2 \mathrm{d}t < \infty \quad \text{a. s.}, \int_0^T |b(t)| \mathrm{d}t < \infty \quad \text{a. s.}$$

其中积分理解为沿着样本轨道的积分 (为了区别形式如 $\int_a^b \zeta(t)\mathrm{d}\eta(t)$ 的随机积分), 则称 ξ 为伊藤随机过程 (Ito stochastic processes)。式 (2-45) 可以等价写成微分形式:

$$\mathrm{d}\xi(t) = \delta(u)\mathrm{d}Bu + b(u)\mathrm{d}u, \forall t \in [0, t] \qquad (2-46)$$

式 (2-46) 为随机微分方程。

由式 (2-45) 确定, 二元实函数 $f(\cdot, \cdot)$ 关于第一个变元 t 一阶连续可导、关于第二个变元二阶连续可导, 则

$$\eta(t) \hat{=} f(t, \xi(t)) = f(0, \xi(0)) + \int_0^t \frac{\partial f}{\partial x}(u, \xi(u))\delta(u)\mathrm{d}B(u) +$$

$$\int_0^t \left(\frac{\partial f}{\partial t} + b \frac{\partial f}{\partial x} + \frac{1}{2}\delta^2 \frac{\partial^2 f}{\partial x^2} \right)(u, \xi(u))\mathrm{d}u$$

微分形式可以写成:

$$\mathrm{d}\eta(t) = \frac{\partial f}{\partial x}[t, \xi(t)]\delta \mathrm{d}B(t) + \left[\frac{\partial f}{\partial t} + b \frac{\partial f}{\partial x} + \frac{1}{2}\delta^2(t)\frac{\partial^2 f}{\partial x^2} \right][t, \xi(t)]\mathrm{d}t$$

也即:

$$\mathrm{d}f(t, \xi(t)) = \frac{\partial f}{\partial t}\mathrm{d}t + \frac{\partial f}{\partial x}\mathrm{d}\xi(t) + \frac{1}{2}\frac{\partial^2 f}{\partial x^2}[\mathrm{d}\xi(t)]^2 \qquad (2-47)$$

其中 $$(\mathrm{d}\xi(t))^2 = \mathrm{d}<\xi(\,\cdot\,),\xi(\,\cdot\,)>t = \delta^2(t)\mathrm{d}t$$

随着随机分析理论的迅速发展，随机微分方程理论被广泛应用于自然科学、工程技术、生态科学和经济学等领域。不确定性理论搭起了"随机"与"确定"之间的桥梁，使人们可以用确定的策略、方法去解决随机的不确定的问题，或把随机的不确定的东西进行最优化处理。虽然由研究简单的确定信息的经典数学到研究各种不确定性信息的不确定性数学的过程是艰苦和漫长的，但是它是科学技术发展的需要，人们对不确定性的认识一直在不断地发展前进。

③

时变不确定性分析理论

3.1 矿用设备不确定性分析的一般描述

矿用设备不仅结构复杂，而且在工作时面对的不确定性因素很多。就其不确定因素而言，有应力常常会因为其所受外部载荷、几何尺寸等的改变而发生变化，其强度由于受到腐蚀、磨损、温度、湿度等不确定因素的影响而不断改变，这说明矿用设备的使用过程是一个动态的时变过程，其状态（参数）都是时间变量。

矿用设备系统中不确定性因素的多种多样，使得矿用设备的工作状况、技术指标、安全性能等诸多方面都存在不确定性，也导致矿用设备系统的输出特性存在时变性和不确定性。另外，在矿用设备系统中，有许多动力学问题也表现出非线性特征，它们的数学模型和运动学方程常常可以用非线性动力学系统来描述。矿用设备系统的多层性和各层次子系统之间复杂的耦合关系也常常导致其系统输出的复杂性变化，同时从系统的时间演化角度来看，复杂非线性动力学系统中的诸多变量又具有不确定性。因此，矿用设备系统的复杂性表现为其随时间的演化（时变性）和演化过程中的不确定性（时变中的不确定）。或者说，这种复杂性表现可看成是部分确定（但可以描述的确定性变化）和部分不确定的"组合"，从而使系统输出具有时变性和不确定性。这种"部分确定"与"部分不确定"的"多少"如何描述？系统自身的机制和环境等诸多因素的影响以及它们复杂的耦合作用从工程的角度看又怎样呢？能否将这些带有时变性与不确定性成分的作用机制进行某种"显式"化并给出矿用设备系统状态演化不确定性的过程表达和模型呢？本章就试图给出此问题的一般解答。

3.1.1 矿用设备系统的层次划分

系统一般被认为是由若干子系统或单元组成的整体，其各子系统或单元按照某些"特定机制"相互作用、相互依赖而存在。通常认为系统有一些共同特征，如：

层次性，即系统是具有"结构"的，可按一定的方式分解成多级子系统或单元的层次结构，而各级子系统或单元在系统中既具有其自己的行为表现，同时它们之间也存在着"某些"相互作用的机制。

整体性，即系统整体的性能和功能不完全是各子系统的各个功能的简单"相加"，而是总体效应大于（多于）各子系统的"总和"。

另一方面，从不同的"角度"观察，子系统对于其下一级子系统而言，也可以看成系统。因此，"系统"、"子系统"或"单元"等概念具有相对性。

在对矿用设备进行不确定性分析时，所针对的对象可以是一个比较简单的系统，也可以是一个非常复杂的系统。对于简单的系统，其结构多由一个或多个基本的物理或电子元器件组成，并且各元器件之间的联系是确定的、可描述的；对于矿山工程领域中的大多数机电设备，其结构往往是复杂的，即它是一个多层次的系统，由系统级、部件级、元件级等层次组成。

以带式输送机为例，其各层次划分如图 3 - 1 所示。它的零（元）器件有数百个，每一个状态的微小扰动或发生故障都将影响输送机的整体（系统级）工作状态或导致故障。为了说明这些影响因素和系统的不确定性，可以依据系统的层次划分，建立从"整体"到"个体"（子系统）甚至到元器件的层次划分。所以，在大型复杂机械系统的时变不确定性分析中，对系统要进行详细的层次划分。划分的种类可有多种，有时也常按"事件"逻辑进行划分。

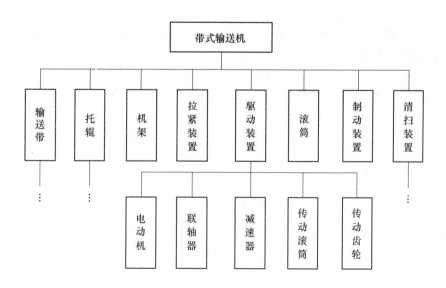

图 3 - 1　带式输送机层次划分示意图

3.1.2 基于 RBD 的系统不确定性分析的一般描述

RBD 是指对由若干子系统组成的系统进行不确定分析时，用来表达各子系统（或单元）对整个系统不确定性的影响的事件逻辑关系框图。一般来说，可以表达成串联系统、并联系统、混联系统和表决系统等。

3.1.2.1 串联系统

串联系统是最基本的系统类型。如果系统中任何一个单元失效，系统就失效，或者系统中每个单元都正常工作，系统才能完成其规定的功能，则称该系统为串联系统。由 n 个单元所组成的串联系统的 RBD 表示如图 3 - 2 所示。

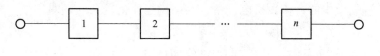

图 3 - 2 串联系统

设第 i 个单元的寿命为 X_i，其可靠度为 $R_i = P(X_i > t)$，$i = 1, 2, \cdots, n$，且各单元相互独立。串联系统的可靠度为：

$$R(t) = \prod_{i=1}^{n} P(X_i > t) = \prod_{i=1}^{n} R_i(t) \tag{3-1}$$

串联系统的可靠度是组成系统的各独立元件的可靠度的乘积。系统的可靠度低于每个单元的可靠度，且随着串联单元数目的增加而迅速下降。因此，要提高系统的可靠度，就必须减少系统中的单元数或提高系统中最薄弱单元的可靠度。

3.1.2.2 并联系统

并联系统也是最基本的系统类型。只有当所有单元都失效，系统才丧失其规定功能，或者只要有一个单元能正常工作，系统就能完成其规定的功能，这种系统称为并联系统。

令第 i 个单元的寿命是 X_i，其可靠度为 $R_i(t) = P(X_i > t)$，$i = 1, 2, \cdots, n$，且它们都相互独立。系统寿命 X 大于或等于各单元寿命的最大者，即 $X \geq \max(X_1, X_2, \cdots, X_n)$。$n$ 个单元的并联系统的可靠度函数为：

$$R(t) = 1 - \prod_{i=1}^{n} [1 - R_i(t)] \tag{3-2}$$

系统的累积失效概率为：

$$F(t) = \prod_{i=1}^{n} F_i(t) \qquad (3-3)$$

即并联系统的失效概率为各单元的失效概率之乘积。

并联系统的可靠度大于单元可靠度的最大值，随着单元数 n 的增加，系统的可靠度增大，即对不确定性比较大的单元采用并联结构，可以显著提高整体系统的可靠性。但随着单元数目的增加，新增加单元对系统可靠性及寿命提高的贡献变得越来越小。

3.1.2.3 混联系统

A 一般混联系统

由串联和并联系统混合而成的系统称为混联系统，如图 3-3（a）所示为某混联系统的 RBD 表示。对于一般的混联系统，可用串联和并联原理，将混联系统中的串联和并联部分简化成等效单元即子系统，如图 3-3（b）、图 3-3（c）所示，先利用串联和并联系统的可靠性特征量计算公式求出子系统的可靠性特征量，然后将每个子系统作为一个等效单元，得到一个与混联系统等效的串联或并联系统，即可求得全系统的可靠性特征量。

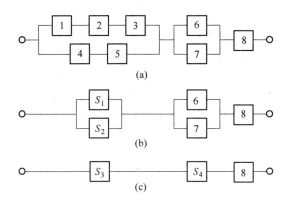

图 3-3 某混联系统及其等效框图

整个系统的可靠度为：

$$R(t) = [R_1(t)R_2(t)R_3(t) + R_4(t)R_5(t) - R_1(t)R_2(t)R_3(t)R_4(t)R_5(t)] \times$$
$$[R_6(t) + R_7(t) - R_6(t)R_7(t)]R_8(t) \qquad (3-4)$$

B　串—并联系统

串—并联系统的可靠性框图如图 3 - 4 所示，是由一部分单元先串联组成一个子系统，再由这些子系统组成一个并联系统。

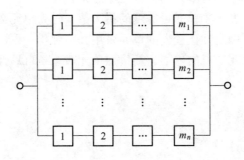

图 3 - 4　串—并联系统可靠框图

如果各单元的可靠度为 $R_{ij}(t)$，$i = 1, 2, \cdots, n$；$j = 1, 2, \cdots, m$。则第 i 行子系统的可靠度为：

$$R_i(t) = \prod_{j=1}^{m_i} R_{ij}(t) \tag{3-5}$$

再用并联系统的计算公式得到串—并联子系统的可靠度为：

$$R(t) = 1 - \prod_{i=1}^{n} \left[1 - \prod_{j=1}^{m_i} R_{ij}(t) \right] \tag{3-6}$$

若每个单元的可靠度均相等，即 $R_{ij}(t) = R(t)$，且 $m_1 = m_2 = \cdots = m_n = m$，则串—并联系统的可靠度可简化为：

$$R(t) = 1 - \left\{ 1 - \left[R(t) \right]^m \right\}^n \tag{3-7}$$

C　并—串联系统

并—串联系统的可靠性框图如图 3 - 5 所示，是由一部分单元先并联组成一个子系统，再由这些子系统组成一个串联系统。

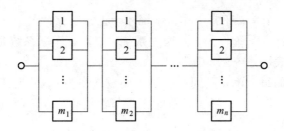

图 3 - 5 并—串联系统的可靠性框图

如果各单元的可靠度为 $R_{ij}(t)$，$i = 1,2,\cdots,m_j$；$j = 1,2,\cdots,n$。则第 j 列子系统的可靠度为：

$$R_j(t) = 1 - \prod_{i=1}^{m_j} \left[1 - R_{ij}(t) \right] \tag{3-8}$$

再用串联系统的计算公式得到并—串联系统的可靠度为：

$$R(t) = \prod_{j=1}^{n} \left\{ 1 - \prod_{i=1}^{m_j} \left[1 - R_{ij}(t) \right] \right\} \tag{3-9}$$

若每个单元的可靠度均相等，即 $R_{ij}(t) = R(t)$，且 $m_1 = m_2 = \cdots = m_n = m$，则并—串联系统的可靠度可简化为：

$$R(t) = 1 - \left[1 - R^n(t) \right]^m \tag{3-10}$$

所以，由计算结果可知，在单元数目和单元可靠度相同的情况下，串—并联系统的可靠度高于并—串联系统的可靠度。

D 表决系统

图 3 - 6 所示为 n 个单元组成的表决系统，其系统的特征是组成系统的 n 个

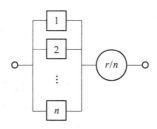

图 3 - 6 r/n 表决系统可靠性框图

单元中，至少有 r 个单元正常工作，系统才能正常工作，大于 $n-r$ 个单元失效，系统就失效。这样的系统称为 r/n 表决系统。显然，串联系统是 n/n 表决系统，并联系统是 $1/n$ 表决系统。

设组成系统的每个单元是同种类型，失效概率为 q，正常工作概率为 p。单元只有两种状态，即 $p+q=1$，且单元正常与否相互独立，所以 r/n 系统的失效概率服从二项分布：

$$R(t) = \sum_{i=r}^{n} C_n^i n \left[R_0(t) \right]^i \left[F_0(t) \right]^{n-i} \qquad (3-11)$$

如果各单元寿命均服从指数分布，则有：

$$R(t) = \sum_{i=r}^{n} C_n^i e^{-i\lambda t} (1 - e^{-\lambda t})^{n-i} \qquad (3-12)$$

机械系统、电路系统和自动控制系统等常采用最简单的 2/3 表决系统，即三个单元中至少有两个单元正常工作，系统就正常工作。2/3 表决系统的可靠性框图和等效的可靠性框图见图 3 - 7 （a）和图 3 - 7 （b）。

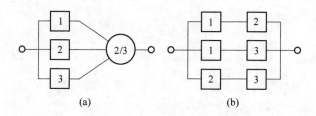

(a)   (b)

图 3 - 7　表决系统可靠性框图

子系统或零部件的时变不确定性导致系统状态的不确定性，系统的异常输入也会使有关元素及其联系的状态发生变化，从而使系统输出产生具有不确定性的变化。对复杂系统进行时变不确定性分析的目的，就是确定任意时刻系统的可靠度（或不确定度）。其一般过程可先从系统角度给出系统 RBD，并根据每一个单元或子系统的可靠度（或不确定度）进行系统不确定性分析。也可以对系统从不同角度"观察"，给出系统输出（功能输出或附加输出）的关系描述。然后根据系统时变不确定性分析理论，对具体子系统或单元的不确定度（可靠度）进行计算，最后可获得整体系统的时变不确定性分析结果。

3.2 时变不确定性分析模型

3.2.1 数学模型建立

由于随机系统的复杂性，一般情况很难达到方程理论的解析表达式。这样一来，数学模型的构造就显得尤为重要。根据随机积分以及随机微分方程的性质以及推导公式，建立时变不确定性的数学模型。

3.2.1.1 随机伊藤积分的直接计算

对于随机变量 w_t，在时间段 $[0, T]$ 内插入等分点，记：

$$V_n = \sum_{i=1}^{n} w_{i-1}(w_i - w_{i-1})$$

做均方近似：

$$\lim_{n \to \infty} E(V_n - A)^2 = 0$$

此处的 A 就是待计算的随机伊藤积分。令：

$$\Delta w_i = w_i - w_{i-1}$$

因为 $w_0 = 0$，$w_n = w_T$，则：

$$V_n = \frac{1}{2}\left(w_T^2 - \sum_{i=1}^{n} \Delta w_i^2\right)$$

对于维纳过程 w_t，因为二阶变差和是收敛的，所以 $\sum_{i=1}^{n} \Delta w_i^2$ 在均方意义上的极限就是 T，可用 T 替代 $\sum_{i=1}^{n} \Delta w_i^2$，则均方可写为：

$$\lim_{\Delta t \to 0} E\left[\frac{1}{2}(w_T^2 - T) - A\right]^2 = 0$$

根据定义 A 就是伊藤积分，于是：

$$A = \int_0^T w_t \mathrm{d}w_t = \frac{1}{2}(w_T^2 - T) \tag{3-13}$$

应当注意到，式（3-13）与传统积分相差一个 $\frac{1}{2}T$。由于在式（3-14）中用 T 替代 $\sum_{i=1}^{n}\Delta w_i^2$ 的积分形式 $\int_0^T (\mathrm{d}w_t)^2$，这实际上在均方意义上意味着：

$$\int_0^T (\mathrm{d}w_t)^2 = \int_0^T \mathrm{d}t = T \qquad (3-14)$$

或

$$(\mathrm{d}w_t)^2 = \mathrm{d}t \qquad (3-15)$$

在几乎所用涉及随机微积分的实际计算中，都会用到式（3-14）和式（3-15）。

3.2.1.2　伊藤引理（Ito's Lemma）

F 是 x，t 的函数，时间对于 $F(x,t)$ 的影响是双重的。首先它是自变量之一，直接影响 $F(x,t)$ 的值，此外通过 x 的变化它还间接影响 $F(x,t)$ 的变化，因此 $\mathrm{d}F(x,t)$ 需要用随机泰勒公式来描述。

根据经典的微积分理论，x 的一个连续可微函数 $f(x)$ 的微小变化可以用泰勒级数（Taylor series）来表示，即：

$$\Delta F = \frac{\mathrm{d}F}{\mathrm{d}x}\Delta x + \frac{1}{2}\frac{\mathrm{d}^2 F}{\mathrm{d}x^2}\Delta x^2 + R_e \qquad (3-16)$$

其中 R_e 是泰勒余项：

$$R_e = \sum_{i=3}^{\infty}\frac{1}{i!}F_i(x_0)(x-x_0)^i \qquad (3-17)$$

上述形式可以推广到 F 是多元函数的情形。

但是如果 x 是随机过程的话，上述的原则不再适用。在随机环境下，对于遵循伊藤过程的变量 x，其函数 $F(x,t)$ 遵循的运动过程可用下列推导得到。

对 F 的泰勒级数展开为：

$$\Delta F = F_x\Delta x + F_t\Delta t + \frac{1}{2}F_{xx}(\Delta x)^2 + \frac{1}{2}F_{tt}(\Delta t)^2 + F_{xt}(\Delta x\Delta t) + R_e$$

其中：

$$\Delta x = \mu \Delta t + \sigma \Delta w$$

当 $\Delta t \to 0$ 时，对于阶数高于 Δt 的项都可以忽略。先考察一阶项 $F_x \Delta x$ 和 $F_t \Delta t$，把 ΔX 代入 $F_x \Delta x$ 后，实际得到 3 个一阶项 $F_x \mu \Delta t$、$F_x \sigma \Delta w$ 和 $F_t \Delta t$，显然有：

$$\lim_{\Delta t \to 0} \frac{F_x \mu \Delta t}{\Delta t} = F_x \mu$$

$$\lim_{\Delta t \to 0} \frac{F_t \Delta t}{\Delta t} = F_t$$

因为维纳过程波动非常剧烈，所以 $F_x \sigma \Delta w$ 也不会随着 Δt 变小而趋近于 0。

对于二阶项，由于：

$$\lim_{\Delta t \to 0} \frac{F_{tt}(\Delta t)^2}{2 \Delta t} = \frac{F_{tt} \Delta t}{2}$$

所以该项可以去掉。

对于 $\frac{1}{2} F_{xx} (\Delta x)^2$，把 Δx 代入，并展开如下：

$$\frac{1}{2} F_{xx} \left[\mu^2 (\Delta t)^2 + \sigma^2 (\Delta w)^2 + 2 \mu \sigma \Delta t \Delta w \right]$$

根据同样的原则，第一、三项也可以舍去，利用随机伊藤积分可知，根据式 (3-15)，当 $\Delta t \to 0$ 时，有：

$$\lim_{\Delta t \to 0} \frac{1}{2} F_{tt} \sigma^2 \frac{\Delta w^2}{\Delta t} = \frac{1}{2} F_{tt} \sigma^2$$

此处为随机过程泰勒方法与确定情况下的最大区别。

通过整理上述各式，可以得到：

$$\Delta F = F_x \mu \Delta t + F_t \Delta t + F_x \sigma \Delta w + \frac{1}{2} F_{xx} \sigma^2 \Delta t$$

将其改写为微分形式，可以得到伊藤引理。

伊藤引理 假定变量 x 遵循伊藤过程：

$$dx = \mu(x, t) dt + \sigma(x, t) dw_t \tag{3-18}$$

F 是 x, t 的函数。则 $F(x,t)$ 遵循如下的伊藤过程：

$$dF = \left(\frac{\partial F}{\partial x}\mu + \frac{\partial F}{\partial t} + \frac{1}{2}\frac{\partial^2 F}{\partial x^2}\sigma^2 \right)dt + \frac{\partial F}{\partial x}\sigma dw_t \tag{3-19}$$

该伊藤过程的漂移率为 $\frac{\partial F}{\partial x}\mu + \frac{\partial F}{\partial t} + \frac{1}{2}\frac{\partial^2 F}{\partial x^2}\sigma^2$，波动率为 $\frac{\partial F}{\partial x}\sigma$。

3.2.1.3　几何布朗运动

几何布朗运动（Geometric Brownian Motion）是连续时间情况下的随机过程。

设 w_t 是维纳过程，μ 和 σ 是漂移函数和波动函数，随机过程 $\{x_t = x(t),\ t \in R^+\}$ 遵循伊藤过程：

$$x(t) = x(0) + \int_0^t \mu[s,x(s)]ds + \int_0^t \sigma[s,x(s)]dw(s) \tag{3-20}$$

随机过程 $x(t)$ 的另一种形式为：

$$dx(t) = \mu[t,x(t)]dt + \sigma[t,x(t)]dw(t) \tag{3-21}$$

假设随机过程 $x(t)$，则有：

$$\frac{dx(t)}{dt} = ax(t)$$
$$x(0) = x_0$$

式中，a 为 $x(t)$ 在时刻 t 相应的增长速度，$a = \mu + \sigma\omega$，ω 为一维白噪声，x_0 为给定的初始值，有

$$dx(t) = \mu x(t)dt + \sigma x(t)dw(t)$$

$$x(0) = x_0$$

$t \in T$，w_t 是维纳过程。

令 $G[x(t),t] = \ln(x_t)$，则有：

$$\frac{\partial G}{\partial x(t)} = \frac{1}{x(t)}$$

$$\frac{\partial G}{\partial t} = 0$$

$$\frac{\partial^2 G}{2\partial x(t)^2} = -\frac{1}{2x^2(t)}$$

根据伊藤引理：

$$d[\ln x(t)] = \left[\frac{1}{x(t)} \cdot \mu \cdot x(t) - \frac{1}{2}\frac{1}{x^2(t)} \cdot \sigma^2 x^2(t)\right]dt + \frac{1}{x(t)} \cdot \sigma \cdot x(t)dw_t$$

$$= \left(\mu - \frac{\sigma^2}{2}\right)dt + \sigma dw_t$$

即 $\ln[x(t)]$ 也服从几何布朗运动，μ 和 σ 能够反映增长速率和波动率，t 时刻 $\ln[x(t)]$ 服从均值为 $\ln[x(0)] + \left(\mu - \frac{\sigma^2}{2}\right)t$，方差为 $\sigma^2 t$ 的正态分布：

$$x(t) = x_0 e^{(\mu - \sigma^2/2)t} e^{\sigma w(t)} \tag{3-22}$$

根据式（3-22），可以得到如下结论：

（1）若 $2\mu > \sigma^2$，则当 $t \to \infty$ 时，$N(t) \to \infty$；

（2）若 $2\mu < \sigma^2$，则当 $t \to \infty$ 时，$N(t) \to 0$；

（3）若 $2\mu = \sigma^2$，则当 $t \to \infty$ 时，$N(t)$ 收敛，收敛值介于最大值和最小值之间。

此外，可以得到它的均值和方差分别为：

$$E(x_t) = E[x_0 e^{(\mu - \sigma^2/2)t} e^{\sigma w(t)}] = x_0 e^{(\mu - \sigma^2/2)t} E e^{\sigma w(t)}$$

$$= x_0 e^{(\mu - \sigma^2/2)t} \int_{-\infty}^{+\infty} e^{\sigma x} \frac{1}{\sqrt{2\pi t}} e^{-(x^2/2t)} dx$$

$$= x_0 e^{\mu t} \int_{-\infty}^{+\infty} \frac{1}{\sqrt{2\pi t}} e^{-[(x - \sigma t)^2/2t]} dx = x_0 e^{\mu t}$$

$$\text{Var}(x_t) = E[(x - \mu)^2] = E[x^2] - (E[x])^2$$

$$= x_0{}^2 e^{(\mu - \sigma^2/2)t} \int_{-\infty}^{+\infty} e^{\sigma x^2} \frac{1}{\sqrt{2\pi t}} e^{-(x^4/2t)} \, dx + x_0{}^2 e^{2\mu t}$$

$$= x_0{}^2 e^{2\mu t} e^{\sigma^2 t} + x_0{}^2 e^{2\mu t}$$

$$= x_0{}^2 e^{2\mu t} (e^{\sigma^2 t} - 1) \tag{3-23}$$

波动在现实中是广泛存在的，可以通过建立扩散随机微分方程求解。扩散过程是一个连续的马尔可夫过程 $X \{X_t, t \geq 0\}$，$\forall x \in R$，$t \geq 0$，$\varepsilon \geq 0$，有：

(1) $\lim\limits_{h \to 0} \dfrac{1}{h} P(\, |X(t+h) - x| > \varepsilon \,|\, X(t) = x) = 0$；

(2) $\lim\limits_{h \to 0} \dfrac{1}{h} E[\, |X(t+h) - x| \,|\, X(t)x] = \mu < \infty$；

(3) $\lim\limits_{h \to 0} \dfrac{1}{h} E[\, (X(t+h) - x)^2 \,|\, X(t) = x] = \sigma^2 < \infty$。

式中，μ，σ^2 为可测的功能函数，其中 μ 为漂移函数，σ 为波动函数。如果 $\mu(t,x) = \mu(x)$ 和 $\sigma(t,x) = \sigma(x)$ 遵循的伊藤随机微分方程是一个扩散随机微分方程，并且这些扩散公式是齐次的，则 $\mu(x)$ 和 $\sigma(x)$ 不随时间变化。

3.2.1.4 复合函数的伊藤引理推论

在工程实际中，常常需要考虑多个随机过程对 F 的影响，且 F 不直接受时间 t 的影响，因此需要对伊藤引理进行推广。

设多元函数 $F(x,y)$，x 和 y 均为随机过程，则 $F(x,y)$ 是一个系统，与时间 t 的关系如图 3-8 所示。其离散形式为 $\Delta x = \mu_1 \Delta t + \sigma_1 \varepsilon \sqrt{\Delta t}$，$\Delta y = \mu_2 \Delta t + \sigma_2 \varepsilon \sqrt{\Delta t}$，其中 μ_1，σ_1，μ_2，σ_2 分别为 x、y 的漂移率和波动率，ε 是标准正态随机变量。

图 3-8 $F(x,y)$ 与时间 t 的关系

根据多元函数泰勒公式，有：

$$F(x + \Delta x, y + \Delta y) = F(x,y) + \left(\frac{\partial}{\partial x} \Delta x + \frac{\partial}{\partial y} \Delta y \right) F + \frac{1}{2} \left(\frac{\partial}{\partial x} \Delta x + \frac{\partial}{\partial y} \Delta y \right)^2 F + \cdots$$

$$= F(x,y) + \left(\frac{\partial}{\partial x}\Delta x + \frac{\partial}{\partial y}\Delta y\right)F + \frac{1}{2}\left[\frac{\partial^2 F}{\partial x^2}(\Delta x)^2 + \right.$$

$$\left. 2\frac{\partial^2 F}{\partial x \partial y}(\Delta x \Delta y) + \frac{\partial^2 F}{\partial y^2}(\Delta y)^2 \right] + \cdots$$

则

$$\Delta F = F(x + \Delta x, y + \Delta y) - F(x,y) = \left(\frac{\partial F}{\partial x}\Delta x + \frac{\partial F}{\partial y}\Delta y\right) +$$

$$\frac{1}{2}\left[\frac{\partial^2 F}{\partial x^2}(\Delta x)^2 + \frac{2\partial^2 F}{\partial x \partial y}(\Delta x \Delta y) + \frac{\partial^2 F}{\partial y^2}(\Delta y)^2\right] + \cdots$$

$$(\Delta x)^2 = \left(\mu_1 \Delta t + \sigma_1 \varepsilon \sqrt{\Delta t}\right)^2$$

$$= \mu_1^2 \Delta t^2 + \sigma_1^2 \varepsilon^2 \Delta t + 2\mu_1 \sigma_1 \varepsilon (\Delta t)^{\frac{3}{2}}$$

$$= \sigma_1^2 \varepsilon^2 \Delta t + H(\Delta t)$$

$$(\Delta y)^2 = \left(\mu_2 \Delta t + \sigma_2 \varepsilon \sqrt{\Delta t}\right)^2$$

$$= \mu_2^2 \Delta t^2 + \sigma_2^2 \varepsilon^2 \Delta t + 2\mu_2 \sigma_2 \varepsilon (\Delta t)^{\frac{3}{2}}$$

$$= \sigma_2^2 \varepsilon^2 \Delta t + H(\Delta t)$$

$$\Delta x \Delta y = \left(\mu_1 \Delta t + \sigma_1 \varepsilon \sqrt{\Delta t}\right)\left(\mu_2 \Delta t + \sigma_2 \varepsilon \sqrt{\Delta t}\right)$$

$$= \mu_1 \mu_2 \Delta t^2 + \sigma_1 \sigma_2 \varepsilon^2 \Delta t + (\mu_1 \sigma_2 + \mu_2 \sigma_1)\varepsilon (\Delta t)^{\frac{3}{2}}$$

$$= \sigma_1 \sigma_2 \varepsilon^2 \Delta t + H(\Delta t)$$

当 $\Delta t \to 0$ 时，$(\Delta x)^2$ 收敛于一个非随机量 $(\Delta x)^2 \to \sigma_1^2 dt$，则 $(\Delta y)^2 \to \sigma_2^2 dt$，$\Delta x \Delta y \to \sigma_1 \sigma_2 dt$，$\Delta x \to \mu_1 dt + \sigma_1 d\omega_t$，$\Delta y \to \mu_2 dt + \sigma_2 d\omega_t$。代入上述式子可得：

$$dF = \frac{\partial F}{\partial x}\mu_1 dt + \frac{\partial F}{\partial y}\mu_2 dt + \frac{1}{2}\left(\frac{\partial^2 F}{\partial x^2}\sigma_1^2 dt + \frac{2\partial^2 F}{\partial x \partial y}\sigma_1 \sigma_2 dt + \frac{\partial^2 F}{\partial y^2}\sigma_2^2 dt\right) +$$

$$\frac{\partial F}{\partial x}\sigma_1 \mathrm{d}w_t + \frac{\partial F}{\partial y}\sigma_2 \mathrm{d}w_t$$

$$= \left[\left(\frac{\partial}{\partial x}\mu_1 + \frac{\partial}{\partial y}\mu_2\right) + \frac{1}{2}\left(\frac{\partial}{\partial x}\sigma_1 + \frac{\partial}{\partial y}\sigma_2\right)^2\right]F\mathrm{d}t + \left(\frac{\partial}{\partial x}\sigma_1 + \frac{\partial}{\partial y}\sigma_2\right)F\mathrm{d}w_t$$

推广至有 n 个随机过程的多元函数 $F(x_1,x_2,\cdots,x_n)$，$F(x_1,x_2,\cdots,x_n)$ 与时间 t 的关系如图 3 – 9 所示，则：

$$\mathrm{d}F = \left[\left(\frac{\partial}{\partial x_1}\mu_1 + \frac{\partial}{\partial x_2}\mu_2 + \cdots + \frac{\partial}{\partial x_n}\mu_n\right) + \frac{1}{2}\left(\frac{\partial}{\partial x_1}\sigma_1 + \frac{\partial}{\partial x_2}\sigma_2 + \cdots + \frac{\partial}{\partial x_n}\sigma_n\right)^2\right]F\mathrm{d}t +$$

$$\left(\frac{\partial}{\partial x_1}\sigma_1 + \frac{\partial}{\partial x_2}\sigma_2 + \cdots + \frac{\partial}{\partial x_n}\sigma_n\right)F\mathrm{d}w_t$$

$$= \mu_F \mathrm{d}t + \sigma_F \mathrm{d}w_t$$

式中，μ_F，σ_F 分别为 F 的漂移函数和扩散函数。

若系统 F 与要素 x，y 之间存在子系统 u，v，系统 $F[u(x,y),v(x,y)]$ 与时间 t 的关系如图 3 – 10 所示，则：

$$\mathrm{d}F = \left[\left(\frac{\partial}{\partial x}\mu_1 + \frac{\partial}{\partial y}\mu_2\right) + \frac{1}{2}\left(\frac{\partial}{\partial x}\sigma_1 + \frac{\partial}{\partial y}\sigma_2\right)^2\right]F\mathrm{d}t + \left(\frac{\partial}{\partial x}\sigma_1 + \frac{\partial}{\partial y}\sigma_2\right)F\mathrm{d}\omega_t$$

图 3 – 9　$F(x_1,x_2,\cdots,x_n)$ 与
时间 t 的关系

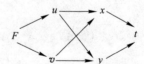

图 3 – 10　$F[u(x,y),v(x,y)]$
与时间 t 的关系

根据"分线相加，连线相乘"原则可求 $\dfrac{\partial F}{\partial x}$，$\dfrac{\partial F}{\partial y}$，$\dfrac{\partial^2 F}{\partial x^2}$，$\dfrac{\partial^2 F}{\partial y^2}$，$\dfrac{\partial^2 F}{\partial x \partial y}$，故图 3 – 10 所示系统中：

$$\frac{\partial F}{\partial x} = \frac{\partial F}{\partial u}\frac{\partial u}{\partial x} + \frac{\partial F}{\partial v}\frac{\partial v}{\partial x}, \frac{\partial F}{\partial y} = \frac{\partial F}{\partial u}\frac{\partial u}{\partial y} + \frac{\partial F}{\partial v}\frac{\partial v}{\partial y}$$

$$\frac{\partial^2 F}{\partial x^2} = \frac{\partial}{\partial u}\left(\frac{\partial F}{\partial x}\right)\frac{\partial u}{\partial x} + \frac{\partial}{\partial v}\left(\frac{\partial F}{\partial x}\right)\frac{\partial v}{\partial x}$$

$$= \frac{\partial^2 F}{\partial u^2}\left(\frac{\partial u}{\partial x}\right)^2 + \frac{2\partial^2 F}{\partial u\partial y}\frac{\partial u}{\partial x}\frac{\partial v}{\partial x} + \frac{\partial^2 F}{\partial v^2}\left(\frac{\partial v}{\partial x}\right)^2$$

$$\frac{\partial^2 F}{\partial y^2} = \frac{\partial}{\partial u}\left(\frac{\partial F}{\partial y}\right)\frac{\partial u}{\partial y} + \frac{\partial}{\partial v}\left(\frac{\partial F}{\partial y}\right)\frac{\partial v}{\partial y}$$

$$= \frac{\partial^2 F}{\partial u^2}\left(\frac{\partial u}{\partial y}\right)^2 + \frac{2\partial^2 F}{\partial u\partial y}\frac{\partial u}{\partial y}\frac{\partial v}{\partial y} + \frac{\partial^2 F}{\partial v^2}\left(\frac{\partial v}{\partial y}\right)^2$$

$$\frac{\partial^2 F}{\partial x\partial y} = \frac{\partial}{\partial u}\left(\frac{\partial F}{\partial x}\right)\frac{\partial u}{\partial y} + \frac{\partial}{\partial v}\left(\frac{\partial F}{\partial x}\right)\frac{\partial v}{\partial y}$$

$$= \frac{\partial^2 F}{\partial u^2}\frac{\partial u}{\partial x}\frac{\partial u}{\partial y} + \frac{\partial^2 F}{\partial u\partial y}\left(\frac{\partial u}{\partial x}\frac{\partial v}{\partial y} + \frac{\partial u}{\partial y}\frac{\partial v}{\partial x}\right) + \frac{\partial^2 F}{\partial v^2}\frac{\partial v}{\partial x}\frac{\partial v}{\partial y}$$

将伊藤引理推广到多维情形下：

假定 F 是 n 维随机过程向量 x_i，$i = 1$，$\cdots$，n 和时间 t 的函数，且 x_i 遵循下列伊藤过程：

$$\mathrm{d}x_i(t) = \mu_i(x_t, \mathrm{d}t)\mathrm{d}t + \sigma_{ir}(x_t, t)\mathrm{d}w_r \quad i = 1,2,\cdots,n; r = 1,2,\cdots,m$$

其瞬间漂移率为 μ_i，瞬间波动率为 σ_{ir}，σ_{ir} 是一个 $n \times m$ 矩阵：

$$\begin{bmatrix} \mathrm{d}x_1 \\ \vdots \\ \mathrm{d}x_n \end{bmatrix} = \begin{bmatrix} \mu_1 \\ \vdots \\ \mu_n \end{bmatrix}\mathrm{d}t + \begin{bmatrix} \sigma_{11} & \cdots & \sigma_{1m} \\ \vdots & & \vdots \\ \sigma_{n1} & \cdots & \sigma_{nm} \end{bmatrix}\begin{bmatrix} \mathrm{d}w_1 \\ \vdots \\ \mathrm{d}w_m \end{bmatrix}$$

则 F 的泰勒级数展开得到：

$$\mathrm{d}F = \frac{\partial F}{\partial t}\mathrm{d}t + \sum_{i}^{n}\frac{\partial F}{\partial x_i}\mathrm{d}x_i + \frac{1}{2}\sum_{i}^{n}\sum_{j}^{n}\frac{\partial^2 F}{\partial x_i\partial x_j}\mathrm{d}x_i\mathrm{d}x_j$$

$$= \frac{\partial F}{\partial t}\mathrm{d}t + \sum_{i}^{n}\frac{\partial F}{\partial x_i}(\mu_i\mathrm{d}t + \sigma_{ir}\mathrm{d}w_r) +$$

$$\frac{1}{2} \sum_i^n \sum_j^n \frac{\partial^2 F}{\partial x_i \partial x_j} (\mu_i dt + \sigma_{ir} dw_r)(\mu_j dt + \sigma_{jr} dw_r)$$

$$= \frac{\partial F}{\partial t} dt + \sum_i^n \frac{\partial F}{\partial x_i} \mu_i dt + \sum_{i=1}^n \frac{\partial F}{\partial x_i} \sigma_{ir} dw_r +$$

$$\frac{1}{2} \sum_i^n \sum_j^n \frac{\partial^2 F}{\partial x_i \partial x_j} (\sigma_{ir} \sigma_{jr}^T) dw_r dw_r^T$$

整理得伊藤定理的一般形式:

$$dF = \left[\frac{\partial F}{\partial t} + \sum_i^n \frac{\partial F}{\partial x_i} \mu + \frac{1}{2} \sum_i^n \sum_j^n \frac{\partial^2 F}{\partial x_i \partial x_j} (\sigma \sigma^T)_{ij} \right] dt + \frac{\partial F}{\partial x} \sigma dw_t \quad (3-24)$$

它的漂移率是 $\frac{\partial F}{\partial t} + \sum_i^n \frac{\partial F}{\partial x_i} \mu + \frac{1}{2} \sum_i^n \sum_j^n \frac{\partial^2 F}{\partial x_i \partial x_j} (\sigma \sigma^T)_{ij}$,波动率是 $\frac{\partial F}{\partial x} \sigma$,但是对于函数 F 而言,此处漂移率和波动率分别是漂移函数和波动函数。

【例1】已知 $F(S_1, S_2) = tw(t)$,而且 $dS_1 = dt$, $dS_2 = dw$,推导 F 遵循的伊藤过程。

解:

$$dF = w(t) dt + t dw(t) + \frac{1}{2} [dt dw(t) + dw(t) dt]$$

$$= w(t) dt + t dw(t)$$

【例2】已知 $F(S_1, S_2) = tS_1 S_2$,而且 $dS_1 = \mu_1 dt + \sigma_1 dw$, $dS_2 = \sigma_2 dw$,推导 F 遵循的伊藤过程。

解:

$$dF = S_1 S_2 dt + t S_2 dS_1(t) + t S_1 dS_2(t) + \frac{1}{2} [t dS_1(t) dS_2(t) + t dS_2(t) dS_1(t)]$$

$$= S_1 S_2 dt + t S_2 [\mu_1 dt + \sigma_1 dw] + t S_1 \sigma_2 dw + \frac{1}{2} [t \sigma_1 \sigma_2 dt + t \sigma_1 \sigma_2 dt]$$

$$= (S_1 S_2 + t S_2 \mu_1 + t \sigma_1 \sigma_2) dt + (t S_2 \sigma_1 + t S_1 \sigma_2) dw$$

【例3】已知 $F(S_1, S_2) = \dfrac{S_1 S_2}{S_1^2 + S_2^2}$，而且 $dS_1 = \mu_1 S_1 dt + \sigma_1 S_1 dw_1$，$dS_2 = \mu_2 S_2 dt + \sigma_2 S_2 dw_2$，推导 F 遵循的伊藤过程。

解：

$$dF = (F_{S_1} S_1 \mu_1 + F_{S_2} S_2 \mu_2) dt + \frac{1}{2} \big[F_{S_1 S_2} (S_1^2 \sigma_1^2) + F_{S_1 S_2} (S_2^2 \sigma_2^2) \big] dt +$$

$$F_{S_1} S_1 \sigma_1 dw_1 + F_{S_2} S_2 \sigma_2 dw_2$$

3.2.2 时变不确定性分析的系统状态输出函数和许用状态输出函数

这里提出的时变不确定性方法认为系统实际性能指标和影响它们的各个变量都是一个随机过程，任何时刻 t 系统的不确定性（某种条件下的概率或可靠度）可通过由实际性能指标"值"与要求达到的"值"（或许用值）的关系不等式决定的概率模型求解。

为了给出系统时变不确定性分析的一般表达，给系统状态输出函数（简称状态输出）和系统许用状态输出函数（简称许用状态输出）的概念，其定义如下：

系统的状态输出 $S(x, t)$：它是依赖时间 t 的一个多元函数，其中，$x = [x_i(t)]^T, i = 1, 2, \cdots, n$。为简便起见，这里以 $S(t)$ 表示 $S(x, t)$，为任何时刻系统 S 的状态表达。状态输出可以是像零件所受的应力等这种具有实际物理意义的可观测量（其量纲为应力单位，如 MPa），也可以是一个不直接观测的、抽象的、多个可观测的实际物理量的函数，如 $S = pv$，式中，p 为压力，v 为速度。

系统的许用状态输出 $[S(y, t)]$：它也定义为依赖时间 t 的一个多元函数，其中，$y = [y_i(t)]^T, i = 1, 2, \cdots, m$。为简便起见，这里以 $S(t)$ 表示 $S(y, t)$，为任何时刻对系统 S 状态的要求的函数表达。许用状态输出可以是像零件材料的许用应力等这种具有实际物理意义的材料力学性能指标（其量纲为应力单位，如 MPa），也可以是一个不直接观测的、抽象的、多个可观测的实际物理量的函数，如 $[S] = [pv]$，其中，$[pv]$ 为压力 p 和速度 v 的乘积的许用值（该值不同与分别给出的 $[p]$ 和 $[v]$ 的乘积 $[p][v]$）。

根据以上定义，不论是状态输出还是许用状态输出，都可以按 3.2.1 节中的数学模型表达。这样就为下面给出时变不确定性分析模型的一般形式表达建立了基础。

3.2.3 时变不确定性分析模型的一般形式

系统时变不确定性分析，就是分析规定时刻系统的安全（或不安全）程度。

对于多层次系统，可以先根据 3.1.2 节基于 RBD 模型进行分析，针对单一子系统利用时变不确定性模型进行分析。给出如下定义：

系统时变不确定性是指系统在规定的环境（或使用）条件下、规定的时刻、系统状态（以状态输出表示）在满足规定要求（以状态输出与许用状态输出关系不等式表达）的情况下，系统存在的风险性（或安全性）。它可以用不确定度（不可靠性）来描述，也可以用确定度（或可靠度）来描述。这里所说的系统不确定性分析，就是从时变不确定性角度出发，对系统进行风险或可靠性评价。

这里"规定的环境条件"包括系统与周围"边界"的关系，对于矿山机械设备，环境条件包括如井上还是井下？使用场所的温度、湿度、环境是否对设备产生影响，或者是否存在腐蚀性等等。规定的时刻是指要求的时间"点"或满足某一段时间间隔的时间"点"。规定的功能是对系统所必须满足或要实现的功能要求，如矿用减速机应该所能传递的扭矩要求等。

系统的状态可由系统基本的技术参数、性能参数或力学性能参数表达，也可以是其基本运动学、动力学方程所描述的参数。一般来说，可由系统的功能输出或附加输出来表达。这些都统称为系统的状态输出。

与传统的可靠性分析不同的是，其可靠性强调了时变性和不确定性。分析手段采用时变不确定性分析理论，状态输出和许用状态输出是作为伊藤过程加以描述的。

这里的系统既可以是矿用设备系统，也可以是任意的（人工）系统，如城市公交系统、城市给排水系统、燃气系统、核电系统以及物流系统等，因此该时变不确定分析理论具有广泛适用性。

系统不确定性的量化表达可以是不确定度（或不可靠度），也可以是确定度或可靠度。下面给出相应的定义：

不确定度是指在规定的环境条件下、在规定的时刻、系统不能满足规定功能要求的概率。

为了与传统可靠性的习惯表述一致，也主要以确定度或可靠度表达。确定度或可靠度的定义为：

可靠度是指在规定的环境条件下、在规定的时刻、系统满足规定功能要求的概率。

满足规定的功能的数学表达就是满足状态输出与许用状态输出的关系不等式，其一般表达为 $S(t) \leqslant [S(t)]$。

若要求状态输出大于等于许用状态输出，则状态输出和许用状态输出均乘以负号，即：

$$\begin{cases} S'(t) = -S(t) \\ [S'(t)] = -[S'(t)] \end{cases}$$

其标准形式为：

$$S'(t) \leqslant [S'(t)] \qquad (3-25)$$

因此系统时变不确定性分析的可靠度可写成一般形式：

$$P\{S(t) \leqslant [S(t)]\} \qquad (3-26)$$

或

$$P\{S'(t) \leqslant [S'(t)]\} \qquad (3-27)$$

根据前面的表述，式（3-26）和式（3-27）可转化成：

$$P\{\ln S(t) \leqslant \ln[S(t)]\} \qquad (3-28)$$

或

$$P\{\ln S'(t) \leqslant \ln[S'(t)]\} \qquad (3-29)$$

然后根据式（3-28）或式（3-29），通过计算它们的漂移函数和波动函数，给出状态输出和许用状态输出的均值和方差，从而得到系统可靠度计算公式为：

$$R(t) = \Phi\left[\frac{\hat{\mu}_{\ln[S]}(t) - \hat{\mu}_{\ln S}(t)}{\sqrt{\hat{\sigma}^2_{\ln[S]}(t) + \hat{\sigma}^2_{\ln S}(t)}}\right] \qquad (3-30)$$

其不确定度（或不可靠度）为：

$$F(t) = 1 - R(t) \qquad (3-31)$$

3.2.4 时变不确定性寿命预测模型

根据时变不确定性分析模型，采用试错法（trial and error method）对系统时变不确定性寿命进行预测。系统分析方法可在前面介绍的系统结构和功能划分基础上，基于事件给出的 RBD 进行总体分析，然后对具体子系统进行可靠度计算。最终需要求得的是在满足如下条件：

$$P\{\ln S(t) \leqslant \ln[S(t)]\} \geqslant R(t) \qquad (3-32)$$

或

$$P\{\ln S'(t) \leqslant \ln[S'(t)]\} \geqslant R(t) \qquad (3-33)$$

的情况下，所求得的最大的时间 $T_{\max}$。如 $R(t) = 90\%$ 时，解得的 $T_{\max} = T_{0.5}$，求 $T_{0.5}$ 的值就是求系统的寿命。

3.2.5 时变不确定性参数的意义及其计算

3.2.5.1 意义

时变不确定性分析模型中，表示系统时变性的是漂移函数（对于最底层的变量，为漂移率。复合函数是由多个简单函数叠加复合而成，这些简单函数即为系统的最底层函数），表示系统不确定性的是波动函数（对于最底层的变量，为波动率）。

漂移函数（或漂移率）反映了系统状态（或变量值）随时间变化的趋势，它描述了系统（或变量）是变化的，但任何时刻它表达的系统状态（或变量）是确定的；波动函数（或波动率）反映了系统状态（或变量）的不确定变化的大小，它用来描述系统状态（或变量）任何时刻不确定的程度。

图 3-11 和图 3-12 表示了两种不同漂移率或波动率情形。图 3-11 为相同漂移率、不同波动率下 t 时刻变量 x 的值，图 3-12 为不同漂移率相同波动率下 t 时刻变量 x 的值。

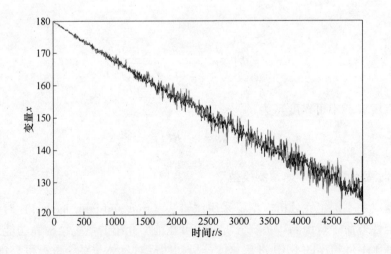

图 3-11 相同漂移率不同波动率下 t 时刻变量 x 的值

3.2.5.2 漂移函数和波动函数计算公式的相关推导

在对矿用设备进行不确定性分析时，对象可以是一个比较简单的系统，对于

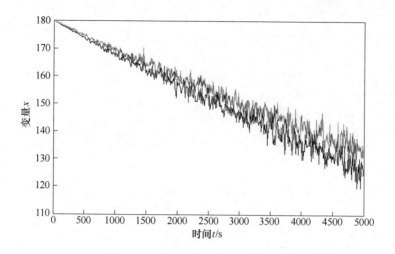

图 3 - 12　不同漂移率相同波动率下 t 时刻变量 x 的值

简单的系统，其结构多由一个或多个基本的物理或电子元器件组成，并且各元器件之间的联系是确定的、可描述的。系统函数符合几何布朗运动，时变不确定量服从几何布朗运动，它们的漂移率 λ 和波动率 δ 可以通过对历史数据进行分析获得。

以 $x(t)$ 为例，其服从几何布朗运动，即：

$$\mathrm{d}x(t) = \mu[x(t),t]\mathrm{d}t + \sigma[x(t),t]\mathrm{d}w_t$$

$\mu[x(t),t] = \lambda x(t)$，$\sigma[x(t),t] = \delta x(t)$，其中 λ 与 δ 均为定值。

根据伊藤引理可以得到：

$$\mathrm{d}\ln x(t) = \left[\frac{1}{x(t)} \cdot \lambda \cdot x(t) - \frac{1}{2}\frac{1}{x^2(t)} \cdot \delta^2 x^2(t)\right]\mathrm{d}t + \frac{1}{x(t)} \cdot \delta \cdot x(t)\mathrm{d}w_t$$

$$= \left(\lambda - \frac{\delta^2}{2}\right)\mathrm{d}t + \delta\mathrm{d}w_t \tag{3-34}$$

即 $\ln x(t)$ 也服从几何布朗运动，其漂移率为 $\lambda - \dfrac{\delta^2}{2}$，波动率为 δ。

对数正态分布 x 的均值 $E(x)$、方差 $\mathrm{var}(x)$ 和正态分布 $\ln x$ 的均值 $\hat{\mu}_{\ln x}$、方差 $\hat{\delta}^2_{\ln x}$ 满足关系式：

$$
\begin{cases}
E(x) = e^{\hat{\mu}_{\ln x} + \frac{1}{2}\hat{\delta}^2_{\ln x}} \\
\mathrm{var}(x) = (e^{\hat{\delta}^2_{\ln x}} - 1) e^{2\hat{\mu}_{\ln x} + \hat{\delta}^2_{\ln x}}
\end{cases}
\tag{3-35}
$$

则对于时变参数 $x(t)$，其均值和方差为：

$$
\begin{cases}
E[x(t)] = \ln x(0) \cdot e^{\lambda t} \\
\mathrm{var}[x(t)] = [\ln x(0) \cdot e^{\lambda t}]^2 (e^{\delta^2 t} - 1)
\end{cases}
\tag{3-36}
$$

对象也可以是一个非常复杂的系统，对于矿山工程领域中的大多数设备，其结构往往是非常复杂的，它是一个多层次的系统，如图 3-13 所示，系统 S 有 n 个不同的子系统 S_n，同一层次的不同子系统 S_1 至 S_n 之间又在结构、功能等方面存在差异，系统最终的输出是各个子系统 S_1 至 S_n 相互作用的结果，而每个子系统 S_n 又是组成它的下一级各个子系统相互作用的结果，从系统的输入状态到输出结果之间是一系列的中间过程，当系统的输入值改变后，它将通过各个中间过程 S_n 的状态改变，而最终影响系统的输出值 S。将系统的最底层函数 S_{nn} 整理成伊藤定理的一般形式，根据 3.2.1 节建立的数学模型，进而求得系统 S 的漂移函数 μ 和波动函数 σ，对于最底层函数 S_{nn} 而言，求出的 μ_{nn} 和 σ_{nn} 实际为 S_{nn} 的漂移率和波动率。

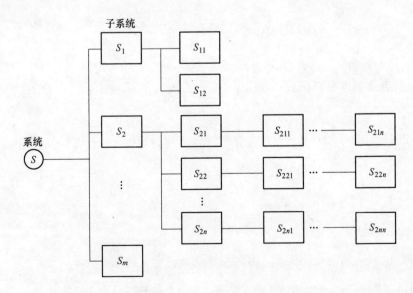

图 3-13 复杂系统分解

系统函数 $G(t)$ 的均值 $E[G(t)]$ 和方差 $\mathrm{var}[G(t)]$ 的求解公式为：

$$\begin{cases} E[G(t)] = G(0) + \displaystyle\int_0^t \mu_G(s)\,\mathrm{d}s \\ \mathrm{var}[G(t)] = \left[\displaystyle\int_0^t \sigma_G(s)\,\mathrm{d}w_s\right]^2 \end{cases} \quad (3-37)$$

系统漂移函数 $\mu_G(t)$ 和波动函数 $\sigma_G(t)$ 最终均可表示为变量 $x(t)$ 的函数，故函数 $G(t)$ 的均值和方差是可求的。利用求得的函数 $G(t)$ 的均值和方差求解 $\ln G(t)$ 的均值和方差，求解公式为：

$$\begin{cases} \hat{\mu}_{\ln G}(t) = \ln\{E[G(t)]\} - \dfrac{1}{2}\ln\left\{1 + \dfrac{\mathrm{var}[G(t)]}{\{E[G(t)]\}^2}\right\} \\ \hat{\sigma}_{\ln G}^2(t) = \ln\left\{1 + \dfrac{\mathrm{var}[G(t)]}{\{E[G(t)]\}^2}\right\} \end{cases} \quad (3-38)$$

$\ln G(t)$ 服从均值为 $\hat{\mu}_{\ln G}(t)$，方差为 $\hat{\sigma}_{\ln G}^2(t)$ 的正态分布。

3.2.5.3 漂移率 λ 和波动率 δ 的估计

对于服从几何布朗运动的时变量 x_t，可以通过历史数据求得漂移率 λ 和波动率 δ。

对于 x_t 在时间间隔 $\Delta = T - t$ 上的 $n+1$ 个观测值 $\{x_0,\ x_1,\ \cdots,\ x_n\}$，令 $q_t = \ln x_t - \ln x_{t-1}$，$t = 1,\ 2,\ \cdots,\ n$，数据样本的均值与方差为：

$$\bar{q} = \frac{\displaystyle\sum_{t=1}^n q_t}{n},\ s_q^2 = \frac{1}{n-1}\sum_{t=1}^n (q_t - \bar{q})^2 \quad (3-39)$$

当 $n \to \infty$ 时，$\bar{q} \to E(q)$，$s_q^2 \to \mathrm{var}(q)$，因此：

$$\hat{\lambda} = \frac{\bar{q}}{\Delta} + \frac{\hat{\delta}^2}{2},\ \hat{\delta} = \frac{s_q}{\sqrt{\Delta}} \quad (3-40)$$

● 几点说明

漂移率估计值 $\hat{\lambda}$ 和波动率估计值 $\hat{\delta}$，利用一个时间序列数据即可求得。假如拥有多组历史数据，则可以对各组数据分别求出漂移率估计值 $\hat{\lambda}$ 和波动率估计值 $\hat{\delta}$，然后将对这些估计值取平均，即可作为该时变参数的漂移率和波动率。显然同一个参数的数据组数越多，求得的漂移率和波动率越趋近于工程实际，误差也就越小。

实际工程实践中，估计漂移率和波动率时，数据不一定要求有全寿命过程的数据，根据已有时间段内的数据，计算求得这一段时间的漂移率和波动率，作为全寿命周期的漂移率和波动率抑或作为今后一段较长时间段的漂移率和波动率。这样不仅缩短了试验所需的时间也降低试验成本。同时，有了新的时间序列数据还可以在现有基础上重新修正漂移率和波动率，即进行动态的修正。

3.2.6　几种特殊情形

对于 $\sigma_s(t) = \sigma_\sigma(t) = 0$ 的情形，系统状态输出和许用状态输出都是不变的，即系统状态不变，任何时刻对系统状态的要求也是不变的。这种情形的不确定性分析，可看成初始状态的"不确定性分析"。即初始状态决定了系统任何时刻的状态：初始安全（或不安全），系统永远安全（或不安全）。这种情形因不存在不确定性，是最简单的、一种非常理想化的情形（实际上是不存在的），不需要采用本书的理论分析。这种理想的情形，若要进行"不确定性"或"风险分析"，可以按照传统的"安全系数法"表达其"确定性"或"可靠性"，即以安全系数的大小来评价。如大于1，则认为安全。其安全程度随着安全系数的大小来表述。下面对其他几种情形进行分别说明。

（1）$\sigma_s(t) = \sigma_\sigma(t) = 0, \mu_s(t) \neq 0, \mu_\sigma(t) \neq 0$

此时，状态输出和许用状态输出不存在不确定性问题，系统任何时刻的状态和对其要求（许用状态输出）虽然都是变化的，但是预先知道的，即按照给定的漂移函数（率）决定的状态输出变化，系统认为不受不确定性因素的影响，对系统的要求也是如此。这种情况为不考虑不确定性因素时的情形，如从较"宏观"的角度，考察系统状态的变化和对系统要求的变化的情形，可认为状态输出和许用状态输出都不存在波动。

其伊藤过程表达为：

$$dx(t) = \mu(t)dt + \sigma(t)dB(t)$$

而 $\sigma_s(t) = \sigma_\sigma(t) = 0$，故：

$$dx(t) = \mu(t)dt$$

$$x(t) = x(0) + \int_0^t \mu(s)ds$$

对于强度分析，若按传统的安全系数法评价安全裕度：

$$n = \frac{S(t)}{\sigma(t)} = \frac{S(0) + \int_0^t \mu_s(s)\,\mathrm{d}s}{\sigma(0) + \int_0^t \mu_\sigma(s)\,\mathrm{d}s} \qquad (3-41)$$

式中，n 为安全系数，t 时刻应力 $\sigma(t)$ 和强度 $S(t)$ 的关系可以根据零件 0 时刻的应力 $\sigma(0)$ 和强度 $S(0)$ 的关系来确定。所以 $n > 1$，零件在 t 时刻就是安全的，据此可以选择不同的材料或者材料的尺寸对零件进行设计。这与常规机械设计方法一致。

（2）$\sigma_s(t) = \sigma_\sigma(t) = 0, \mu_s(t) \neq 0, \mu_\sigma(t) = 0$

此时，状态输出和许用状态输出不存在不确定性问题，系统任何时刻的状态虽然是随时间变化的，但是它是预先知道的，即按照给定的漂移函数（率）变化，系统被认为不受不确定性因素的影响。同时，系统的状态输出也是不变的，即任何时刻对系统的要求不变。这种情况为不考虑不确定性因素的工程中的情形，如从较"宏观"的角度，考察系统状态的变化的情形。这种情形如对表面磨损状态有不变要求（许用磨损量不变）的系统情况。

状态输出满足如下关系：

$$\mathrm{d}x(t) = \mu(t)\,\mathrm{d}t + \sigma(t)\,\mathrm{d}B(t)$$

不同的是：$\sigma_s(t) = \sigma_\sigma(t) = 0, \mu_s(t) \neq 0, \mu_\sigma(t) = 0$，故：

$$\mathrm{d}x(t) = \mu(t)\,\mathrm{d}t$$

$$x(t) = x(0) + \int_0^t \mu(s)\,\mathrm{d}s$$

所以系统的许用状态输出是一个不随时间变化的量，只有状态输出的大小在随着时间的变化。系统许用状态输出不变的情形可认为如材料的特性在受周围环境因素以及自身因素影响变化不大，可以忽略，而这里的状态输出如果是应力，则它在所受载荷以及材料尺寸，形状变化等的影响下变化较大的情况。此时对于强度分析，若按传统的安全系数法评价安全裕度：

$$n = \frac{S(t)}{\sigma(t)} = \frac{S(0) + \int_0^t \mu_s(s)\,\mathrm{d}s}{\sigma(0)} \qquad (3-42)$$

式中，n 为安全系数，t 时刻应力 $\sigma(t)$ 和强度 $S(t)$ 的关系可以根据零件 0 时刻的应力 $\sigma(t)$ 和强度 $S(0)$ 的关系来确定。所以 $n > 1$，零件在 t 时刻就是安全的。

(3) $\sigma_s(t) = \sigma_\sigma(t) = 0, \mu_s(t) = 0, \mu_\sigma(t) \neq 0$

此时，状态输出和许用状态输出不存在不确定性问题，系统任何时刻的状态也是不随时间变化的。仅仅对系统的要求是变化的（许用状态输出变化），但是这种要求的变化是预先知道（设定）的。即许用状态输出按照给定（确定）的关系变化，系统被认为不受不确定性因素的影响。这种情况在工程中可认为是从较大的时间跨度观察系统或对可修复系统综合考察全寿命周期（含维修后的）的情形，对系统的需求有变化的情形。

此时，许用状态输出（如强度）的变化仅受到确定性因素的影响：

$$dx(t) = \mu(t)dt + \sigma(t)dB(t)$$

不同的是，由于 $\sigma_s(t) = \sigma_\sigma(t) = 0, \mu_s(t) = 0, \mu_\sigma(t) \neq 0$，故

$$dx(t) = \mu(t)dt$$
$$x(t) = x(0) + \int_0^t \mu(s)ds$$

所以零件的应力是一个不随时间变化的量，只有强度的大小在随着时间变化，符合实际中应力的变化不大，可以忽略，而材料的强度在周围环境因素以及自身因素作用下变化比较大的情况。

此时若按传统的安全系数法以强度评价安全性：

$$n = \frac{S(t)}{\sigma(t)} = \frac{S(0)}{\sigma(0) + \int_0^t \mu_\sigma(s)ds} \tag{3-43}$$

式中，n 为安全系数，t 时刻应力 $\sigma(t)$ 和强度 $S(t)$ 的关系可以根据零件 0 时刻的应力 $\sigma(0)$ 和强度 $S(0)$ 的关系来确定。

(4) $\sigma_s(t) \neq 0, \sigma_\sigma(t) \neq 0, \mu_s(t) = \mu_\sigma(t) = 0$

此时，系统的状态输出和许用状态输出，随时间的演化中不存在漂移，其变化仅受到不确定性因素的影响。这种情况类似于传统可靠性理论中的情形，即将传统的可靠性模型可看成是时变不确定性系统的特例。此时，以时变不确定性理论表达有：

$$dx(t) = \sigma(t)dB(t)$$

$$R(t) = \Phi(Z_{\alpha(t)}) = \Phi\left(\frac{\ln S(0) - \ln \sigma(0)}{\sqrt{\hat{\sigma}_{\ln S(t)}^2 + \hat{\sigma}_{\ln \sigma(t)}^2}}\right)$$

$$\hat{\sigma}_{\ln S}^2 = \ln\left\{1 + \frac{\text{var}(s)}{[E(s)]^2}\right\} = \ln\left\{1 + \left[\frac{\int_0^t \sigma_s(s)\,\mathrm{d}\omega_s}{S(0)}\right]^2\right\}$$

$$\hat{\sigma}_{\ln\sigma}^2 = \ln\left\{1 + \frac{\text{var}(\sigma)}{[E(\sigma)]^2}\right\} = \ln\left\{1 + \left[\frac{\int_0^t \sigma_\sigma(s)\,\mathrm{d}\omega_s}{\sigma(0)}\right]^2\right\}$$

$$\frac{S(0)}{\sigma(0)} = \exp\left\{Z_{\alpha(t)} \cdot \sqrt{\ln\left[1 + \left(\frac{\int_0^t \sigma_s(s)\,\mathrm{d}\omega_s}{S(0)}\right)^2\right] + \ln\left\{1 + \left[\frac{\int_0^t \sigma_\sigma(s)\,\mathrm{d}\omega_s}{\sigma(0)}\right]^2\right\}}\right\}$$

$$(3-44)$$

式（3-44）给出了基于零件在 t 时刻安全系数。这符合应力和受不确定性因素的影响较大，而强度受不确定性因素的影响较小可以忽略的情况。

（5）$\sigma_s(t) = 0, \sigma_\sigma(t) \neq 0, \mu_s(t) = \mu_\sigma(t) = 0$

此时，系统的状态输出和许用状态输出，随时间的演化中不存在漂移，而许用状态输出也不随时间变化，仅仅状态输出受到不确定性因素的影响。这即是传统可靠性分析中的特例。这种情况也是将传统的可靠性模型可看成是时变不确定性系统的更特殊的情形。

此时，强度的变化仅受到不确定性因素的影响，由于

$$\mathrm{d}x(t) = \sigma(t)\,\mathrm{d}B(t)$$

$$R(t) = \Phi(Z_{\alpha(t)}) = \Phi\left[\frac{\ln S(0) - \ln\sigma(0)}{\sqrt{\hat{\sigma}_{\ln S(t)}^2 + \hat{\sigma}_{\ln\sigma(t)}^2}}\right]$$

$$\hat{\sigma}_{\ln S}^2 = 0$$

$$\hat{\sigma}_{\ln\sigma}^2 = \ln\left\{1 + \frac{\text{var}(\sigma)}{[E(\sigma)]^2}\right\} = \ln\left\{1 + \left[\frac{\int_0^t \sigma_\sigma(s)\,\mathrm{d}\omega_s}{\sigma(0)}\right]^2\right\}$$

$$\frac{S(0)}{\sigma(0)} = \exp\left\{Z_{\alpha(t)} \cdot \sqrt{\ln\left\{1 + \left[\frac{\int_0^t \sigma_\sigma(s)\,\mathrm{d}\omega_s}{\sigma(0)}\right]^2\right\}}\right\} \qquad (3-45)$$

这符合应力受到不确定性因素的影响可以忽略，而强度受到的不确定性因素的影响较大不能忽略，确定性的因素对二者的影响都不大，可以忽略的情况。

(6) $\sigma_s(t) \neq 0, \sigma_\sigma(t) = 0, \mu_s(t) = \mu_\sigma(t) = 0$

此时，系统的状态输出和许用状态输出，随时间的演化中不存在漂移，而状态输出也不随时间变化，仅仅许用状态输出受到不确定性因素的影响。这种情况是传统可靠性理论中的又一特例情形，也可"看成"是时变不确定性系统的更特殊的情形。

此时，以时变不确定性理论表达，有：

$$\mathrm{d}x(t) = \sigma(t)\mathrm{d}B(t)$$

$$R(t) = \Phi[Z_{\alpha(t)}] = \Phi\left[\frac{\ln S(0) - \ln\sigma(0)}{\sqrt{\hat{\sigma}_{\ln S(t)}^2 + \hat{\sigma}_{\ln\sigma(t)}^2}}\right]$$

$$\hat{\sigma}_{\ln S}^2 = \ln\left\{1 + \frac{\mathrm{var}(S)}{[E(S)]^2}\right\} = \ln\left\{1 + \left[\frac{\int_0^t \sigma_s(S)\mathrm{d}\omega_s}{S(0)}\right]^2\right\}$$

$$\hat{\sigma}_{\ln\sigma}^2 = 0$$

$$\frac{S(0)}{\sigma(0)} = \exp\left\{Z_{\alpha(t)} \cdot \sqrt{\ln\left\{1 + \left[\frac{\int_0^t \sigma_s(S)\mathrm{d}\omega_s}{S(0)}\right]^2\right\}}\right\} \tag{3-46}$$

符合强度受到不确定性因素的影响可以忽略，而应力受到的不确定性因素的影响较大不能忽略，确定性的因素对二者的影响都不大，均可忽略的情况。

3.3　算例

【例1】已知系统 S 是单一子系统，S 的状态输出 $S = x_1 \cdot x_2$，$S(0) = 20$；在零时刻许用状态输出的值为 $[S(0)] = 35$，许用状态输出 $[S]$ 的漂移率为 $\lambda_{[S]} = -0.001$，波动率为 $\delta_{[S]} = 0.005$。x_1 与 x_2 的漂移率和波动率分别为：

x_1：漂移率 $\lambda_{x_1} = 0.002$，波动率 $\delta_{x_1} = 0.01$；

x_2：漂移率 $\lambda_{x_2} = 0.002$，波动率 $\delta_{x_2} = 0.01$。

求：系统 S 在 $t = 100$ 时的可靠度，即 $P\{S(100) \leq [S(100)]\}$。

解： S 的漂移函数和波动函数分别为：

$$\begin{cases} \mu_S = \dfrac{\partial S}{\partial x_1}\mu_{x_1} + \dfrac{\partial S}{\partial x_2}\mu_{x_2} = x_2\mu_{x_1} + x_1\mu_{x_2} \\ \sigma_S = \dfrac{\partial S}{\partial x_1}\sigma_{x_1} + \dfrac{\partial S}{\partial x_2}\sigma_{x_2} = x_2\sigma_{x_1} + x_1\sigma_{x_2} \end{cases}$$

根据时变不确定性分析理论：

$$\begin{cases} \mu_S(t) = x_2(t)\cdot x_1(t)\cdot\lambda_{x_1} + x_1(t)\cdot x_2(t)\cdot\lambda_{x_2} = S(t)\cdot(\lambda_{x_1}+\lambda_{x_2}) \\ \sigma_S(t) = x_2(t)\cdot x_1(t)\cdot\delta_{x_1} + x_1(t)\cdot x_2(t)\cdot\delta_{x_2} = S(t)\cdot(\delta_{x_1}+\delta_{x_2}) \end{cases}$$

由上式可知，S 也服从几何布朗运动，且：

$$\begin{cases} \lambda_S = \lambda_{x_1} + \lambda_{x_2} = 0.004 \\ \delta_S = \delta_{x_1} + \delta_{x_2} = 0.02 \end{cases}$$

$$d(\ln S) = \left(\lambda_S - \frac{\delta_S^2}{2}\right)dt + \delta_S^2 dw_t$$

则 t 时刻 $\ln S$ 服从均值为 $\ln S(0) + \left(\lambda_S - \dfrac{\delta_S^2}{2}\right)t$，方差为 $\delta_S^2 t$ 的正态分布。

又对于许用状态输出，满足：

$$d(\ln[S]) = \left(\lambda_{[S]} - \frac{\delta_{[S]}^2}{2}\right)dt + \delta_{[S]}^2 dw_t$$

则 t 时刻 $\ln[S]$ 服从均值为 $\ln[S](0) + \left(\lambda_{[S]} - \dfrac{\delta_{[S]}^2}{2}\right)t$，方差为 $\delta_{[S]}^2 t$ 的正态分布。

$$R(t=100) = P(S(t) \leqslant [S(t)]) = P\{\ln[S(t)] - \ln S(t) \geqslant 0\}$$

$$R(t=100) = \Phi\left\{\frac{\left[\ln S(0) + \left(\lambda_{[S]} - \dfrac{\delta_{[S]}^2}{2}\right)t\right] - \left[\ln S(0) + \left(\lambda_S - \dfrac{\delta_S^2}{2}\right)t\right]}{\sqrt{(\delta_{[S]}^2 + \delta_{S_1}^2)\times t}}\right\}$$

$$= \Phi(0.3802) \approx 64.80\%$$

综上，系统 S 在 $t=100$ 时的可靠度为 64.80%。

【例2】 已知系统 S 为两个子系统 S_1 和 S_2 组成的串联系统，$S_1(0) = 20$，$S_2(0) = 20$。描述 S_1 的状态输出为 $S_1 = x_1 \cdot x_2$，描述 S_2 的状态输出 $S_2 = \dfrac{x_2}{x_3}$。在零时刻许用状态输出的值为 $[S(0)] = 35$，许用状态输出 $[S]$ 的漂移率为 $\lambda_{[S]} = -0.001$，波动率为 $\delta_{[S]} = 0.005$。x_1、x_2 和 x_3 的漂移率和波动率分别为：

x_1：漂移率 $\lambda_{x_1} = 0.002$，波动率 $\delta_{x_1} = 0.01$；

x_2：漂移率 $\lambda_{x_2} = 0.002$，波动率 $\delta_{x_2} = 0.01$；

x_3：漂移率 $\lambda_{x_3} = 0.0002$，波动率 $\delta_{x_3} = 0.002$。

求：系统 S 在 $t = 100$ 时的可靠度，即 $P\{S_1(100) \leqslant [S(100)]\}$。

解： 根据 3.1.2 节，串联系统的可靠度是两个子系统可靠度的乘积。子系统 S_1 的可靠度由例 1 可知为 $R_1(100) \approx 64.80\%$。

S_2 的漂移函数和波动函数为：

$$
\begin{cases}
\mu_{S_2} = \dfrac{\partial S_2}{\partial x_2}\mu_{x_2} + \dfrac{\partial S_2}{\partial x_3}\mu_{x_3} + \dfrac{1}{2}\dfrac{\partial^2 S_2}{\partial x_3^2}\sigma_{x_3}^2 + \dfrac{\partial}{\partial x_2}\left(\dfrac{\partial S_2}{\partial x_3}\right)\sigma_{x_2}\sigma_{x_3} \\[2mm]
\quad\; = \dfrac{1}{x_3}\mu_{x_2} - \dfrac{x_2}{x_3^2}\mu_{x_3} + \dfrac{x_2}{x_3^3}\sigma_{x_3}^2 - \dfrac{1}{x_3^2}\sigma_{x_2}\sigma_{x_3} \\[2mm]
\sigma_{S_2} = \dfrac{\partial S_2}{\partial x_2}\sigma_{x_2} + \dfrac{\partial S_2}{\partial x_3}\sigma_{x_3} = \dfrac{1}{x_3}\sigma_{x_2} - \dfrac{x_2}{x_3^2}\sigma_{x_3}
\end{cases}
$$

根据时变不确定性分析理论：

$$
\begin{cases}
\mu_{S_2}(t) = \dfrac{1}{x_3(t)} \cdot x_2(t) \cdot \lambda_{x_2} - \dfrac{x_2(t)}{x_3^2(t)} \cdot x_3(t) \cdot \lambda_{x_3} + \dfrac{x_2(t)}{x_3^3(t)} \cdot x_3^3(t) \cdot \delta_{x_3}^2 - \\[2mm]
\qquad\quad \dfrac{1}{x_3^2(t)} \cdot x_2(t)x_3(t)\delta_{x_2}\delta_{x_3} = S_2(t)(\lambda_{x_2} - \lambda_{x_3} + \delta_{x_3}^2 - \delta_{x_2}\delta_{x_3}) \\[2mm]
\sigma_{S_2}(t) = \dfrac{1}{x_3(t)} \cdot x_2(t) \cdot \delta_{x_2} - \dfrac{x_2(t)}{x_3^2(t)} \cdot x_3(t) \cdot \delta_{x_3} = S_2(t)(\delta_{x_2} - \delta_{x_3})
\end{cases}
$$

由上式可知，S_2 也服从几何布朗运动，且：

$$
\begin{cases}
\lambda_{S_2} = \lambda_{x_2} - \lambda_{x_3} + \delta_{x_3}^2 - \delta_{x_2}\delta_{x_3} = 0.001784 \\[2mm]
\delta_{S_2} = \delta_{x_2} - \delta_{x_3} = 0.008
\end{cases}
$$

$$\mathrm{d}(\ln S_2) = \left(\lambda_{S_2} - \frac{\delta_{S_2}^2}{2}\right)\mathrm{d}t + \delta_{S_2}^2 \mathrm{d}w_t$$

则 t 时刻 $\ln S_2$ 服从均值为 $\ln S_2$ (0) $+\left(\lambda_{S_2} - \frac{\delta_{S_2}^2}{2}\right)t$，方差为 $\delta_{S_2}^2 t$ 的正态分布。

$$R_2(t=100) = P(S_2(t) \leqslant [S(t)]) = P\{\ln[S(t)] - \ln S_2(t) \geqslant 0\}$$

$$R_2(t=100) = \Phi\left\{\frac{\left[\ln S(0) + \left(\lambda_{[S]} - \frac{\delta_{[S]}^2}{2}\right)t\right] - \left[\ln S_2(0) + \left(\lambda_{S_2} - \frac{\delta_{S_2}^2}{2}\right)t\right]}{\sqrt{(\delta_{[S]}^2 + \delta_{S_2}^2)t}}\right\}$$

$$= \Phi(3.0032) \approx 99.87\%$$

串联系统的可靠度为：

$$R(t=100) = R_1(t) \times R_2(t) = 0.6480 \times 0.9987 \approx 64.72\%$$

综上，系统 S 在 $t=100$ 时的可靠度为 64.72%。

【例3】已知系统 S 为两个子系统 S_1 和 S_2 组成的并联系统，$S_1(0) = 20$，$S_2(0) = 20$。描述 S_1 的状态输出为 $S_1 = x_1 \cdot x_2$，描述 S_2 的状态输出 $S_2 = \frac{x_2}{x_3}$。在零时刻许用状态输出的值为 $[S(0)] = 35$，许用状态输出 $[S]$ 的漂移率为 $\lambda_{[S]} = -0.001$，波动率为 $\delta_{[S]} = 0.005$。x_1、x_2 和 x_3 的漂移率和波动率分别为：

x_1：漂移率 $\lambda_{x_1} = 0.002$，波动率 $\delta_{x_1} = 0.01$；

x_2：漂移率 $\lambda_{x_2} = 0.002$，波动率 $\delta_{x_2} = 0.01$；

x_3：漂移率 $\lambda_{x_3} = 0.0002$，波动率 $\delta_{x_3} = 0.002$。

求：系统 S 在 $t=100$ 时的可靠度，即 $P\{S_1(100) \leqslant [S(100)]\}$。

解：根据 3.1.2 节，并联系统可靠度为：

$$R = R_1 + R_2 - R_1 R_2$$

由例 2 可知：$R_1(t=100) \approx 64.80\%$，$R_2(t) \approx 99.87\%$，故：

$$R(t=100) = 0.6480 + 0.9987 - 0.6480 \times 0.9987 \approx 99.95\%$$

综上，系统 S 在 $t=100$ 时的可靠度为 99.95%。

【例4】已知系统 S 由 3 个子系统 S_1、S_2 和 S_3 组成，$S_1(0) = 20$，$S_2(0) = 20$。

描述 S_1 的状态输出为 $S_1 = x_1 \cdot x_2$，描述 S_2 的状态输出 $S_2 = \dfrac{x_2}{x_3}$，描述 S_3 的状态输

出 $S_3 = x_1 + \dfrac{x_2}{x_3}$。在零时刻许用状态输出的值为 $[S(0)] = 35$，许用状态输出 $[S]$

的漂移率为 $\lambda_{[S]} = -0.001$，波动率为 $\delta_{[S]} = 0.005$。

x_1：漂移率 $\lambda_{x_1} = 0.002$，波动率 $\delta_{x_1} = 0.01$，$x_1(0) = 5$；

x_2：漂移率 $\lambda_{x_2} = 0.002$，波动率 $\delta_{x_2} = 0.01$，$x_2(0) = 4$；

x_3：漂移率 $\lambda_{x_3} = 0.0002$，波动率 $\delta_{x_3} = 0.002$，$x_3(0) = 0.2$。

求：（1）系统 S 由 S_1 和 S_2 串联再与 S_3 并联时，求系统 S 在 $t = 100$ 时的可靠度；

（2）系统 S 由 S_1 和 S_2 并联再与 S_3 串联时，求系统 S 在 $t = 100$ 时的可靠度；

（3）按情形（1），预测当要求系统 S 可靠度不小于 0.9 时，系统 S 的寿命。

解：（1）由例 2 可知：$R_1(t = 100) \approx 64.80\%$，$R_2(t = 100) \approx 99.87\%$；
S_1、S_2 串联可靠度为 64.72%，S_1、S_2 并联的可靠度为 99.95%。

S_3 的漂移函数和波动函数为：

$$
\begin{cases}
\mu_{S_3} = \dfrac{\partial S_3}{\partial x_1}\mu_{x_1} + \dfrac{\partial S_3}{\partial x_2}\mu_{x_2} + \dfrac{\partial S_3}{\partial x_3}\mu_{x_3} + \dfrac{1}{2}\dfrac{\partial^2 S_2}{\partial x_3^2}\sigma_{x_3}^2 + \dfrac{\partial}{\partial x_2}\left(\dfrac{\partial S_2}{\partial x_3}\right)\sigma_{x_2}\sigma_{x_3} \\[3mm]
\quad = \mu_{x_1} + \dfrac{1}{x_3}\mu_{x_2} - \dfrac{x_2}{x_3^2}\mu_{x_3} + \dfrac{x_2}{x_3^3}\sigma_{x_3}^2 - \dfrac{1}{x_3^2}\sigma_{x_2}\sigma_{x_3} \\[3mm]
\sigma_{S_2} = \dfrac{\partial S_3}{\partial x_1}\sigma_{x_1} + \dfrac{\partial S_2}{\partial x_2}\sigma_{x_2} + \dfrac{\partial S_2}{\partial x_3}\sigma_{x_3} = \sigma_{x_1} + \dfrac{1}{x_3}\sigma_{x_2} - \dfrac{x_2}{x_3^2}\sigma_{x_3}
\end{cases}
$$

根据时变不确定性理论：

$$
\begin{cases}
\mu_{S_2}(t) = x_1(t) \cdot \lambda_{x_1} + \dfrac{1}{x_3(t)} \cdot x_2(t) \cdot \lambda_{x_2} - \dfrac{x_2(t)}{x_3^2(t)} \cdot x_3(t) \cdot \lambda_{x_3} + \\[3mm]
\quad \dfrac{x_2(t)}{x_3^3(t)} \cdot x_3^3(t) \cdot \delta_{x_3}^2 - \dfrac{1}{x_3^2(t)} \cdot x_2(t)x_3(t)\delta_{x_2}\delta_{x_3} \\[3mm]
\quad = x_1(t) \cdot \lambda_{x_1} + \dfrac{x_2(t)}{x_3(t)} \cdot (\lambda_{x_2} - \lambda_{x_3} + \delta_{x_3}^2 - \delta_{x_2}\delta_{x_3}) \\[3mm]
\sigma_{S_2}(t) = x_1(t) \cdot \delta_{x_1} + \dfrac{1}{x_3(t)} \cdot x_2(t) \cdot \delta_{x_2} - \dfrac{x_2(t)}{x_3^2(t)} \cdot x_3(t) \cdot \delta_{x_3} \\[3mm]
\quad = x_1(t) \cdot \delta_{x_1} + \dfrac{x_2(t)}{x_3(t)} \cdot (\delta_{x_2} - \delta_{x_3})
\end{cases}
$$

S_3 的均值和方差为：

$$
\begin{cases}
E[S_3(t)] = x_1(0) \cdot e^{\lambda_{x_1}t} + \dfrac{x_2(0)}{x_3(0)} \cdot e^{(\lambda_{x_2}-\lambda_{x_3})t} \\[2mm]
\mathrm{var}[S_3(t)] = [x_1(0) \cdot e^{\lambda_{x_1}t}]^2 (e^{\delta_{x_1}^2 t} - 1) + \left[\dfrac{x_2(0)}{x_3(0)} \cdot e^{(\lambda_{x_2}-\lambda_{x_3})t}\right]^2 [e^{(\delta_{x_2}^2 - \delta_{x_3}^2)t} - 1]
\end{cases}
$$

$$
\begin{cases}
E[S_3(100)] = 5e^{0.002 \times 100} + \dfrac{4}{0.2}e^{(0.002-0.0002) \times 100} \approx 27.7728 \\[2mm]
\mathrm{var}[S_3(100)] = (5e^{0.002 \times 100})^2 (e^{0.01^2 \times 100} - 1) + \\[2mm]
\qquad\qquad \left[\dfrac{4}{0.2}e^{(0.002-0.0002) \times 100}\right]^2 [e^{(0.01^2 - 0.002^2) \times 100} - 1] \\[2mm]
\qquad \approx 4.9028
\end{cases}
$$

$$
\begin{cases}
\hat{\mu}_{\ln S_3}(100) = \ln\{E[S_3(100)]\} - \dfrac{1}{2}\ln\left\{1 + \dfrac{\mathrm{var}[S_3(100)]}{\{E[S_3(100)]\}^2}\right\} \\[2mm]
\qquad = \ln 27.7728 - \dfrac{1}{2}\ln\left(1 + \dfrac{4.9028}{27.7728^2}\right) \approx 3.3209 \\[2mm]
\hat{\sigma}^2_{\ln S_3}(100) = \ln\left\{1 + \dfrac{\mathrm{var}S_3(100)}{\{E[S_3(100)]\}^2}\right\} \\[2mm]
\qquad = \ln\left(1 + \dfrac{4.9028}{27.7728^2}\right) \approx 6.3666 \times 10^{-3}
\end{cases}
$$

$$
R_3(t=100) = P\{S_3(t) \leqslant [S(t)]\} = P\{\ln[S(t)] - \ln S_3(t) \geqslant 0\}
$$

$$
R_3(t=100) = \Phi\left\{\frac{\left[\ln S(0) + \left(\lambda_{[S]} - \dfrac{\delta^2_{[S]}}{2}\right)t\right] - 3.3209}{\sqrt{\delta^2_{[S]}t + 6.3666 \times 10^{-3}}}\right\}
$$

$$
= \Phi(1.4140) \approx 92.13\%
$$

系统 S 由 S_1 和 S_2 串联再与 S_3 并联，故

$$
R = R_1 R_2 + R_3 - R_1 R_2 R_3
$$

$$
R(t=100) = 0.6480 \times 0.9987 + 0.9213 - 0.6480 \times 0.9987 \times 0.9213
$$
$$
\approx 97.22\%
$$

（2）系统 S 由 S_1 和 S_2 并联再与 S_3 串联，根据 3.1.2 节可知：

$$R = (R_1 + R_2 - R_1 R_2) R_3$$

$$R(t = 100) = 0.9995 \times 0.9213 \approx 92.08\%$$

（3）这里可以利用 Matlab 编程求解。

程序源代码：

```
format long;
t = 121.1;
r = 1;
while r > = 0.9
    t = t + 0.1;
    c0 = log(35) + ( -0.001 + (0.005^2)/2) * t;
    d0 = 0.005^2 * t;
    c1 = log(20) + (0.004 - (0.02^2)/2) * t;
    d1 = 0.02^2 * t;
    r1 = 1 - normcdf(0, c0 - c1, sqrt(d0 + d1));
    c2 = log(20) + (0.001784 - (0.008^2)/2) * t;
    d2 = 0.008^2 * t;
    r2 = 1 - normcdf(0, c0 - c2, sqrt(d0 + d2));
    a3 = 5 * exp(0.002 * t) + 20 * exp(0.0008 * t);
    b3 = 25 * exp(0.004 * t) * (exp(0.0001 * t) - 1) + 400 * exp(0.0016 * t) * (exp(0.000096
* t) - 1);
    c3 = log(a3) - 1/2 * log(1 + b3/(a3^2));
    d3 = log(1 + b3/(a3^2));
    r3 = 1 - normcdf(0, c0 - c3, sqrt(d0 + d3));
    r = r1 * r2 + r3 - r1 * r2 * r3;
end
disp(t); disp(r);
```

程序计算结果为：$t = 121.2$，$r = 89.996\%$。因此满足条件的 t 为 121，此时，$R(t = 121) = 90.09\%$。

综上，满足可靠度要求的系统寿命为 121 小时。

【例 5】以单个松连接螺栓为例，对其进行分析。假设螺栓只受拉伸工作载荷 F（单位为 kN），最小螺纹直径为 d_1（单位为 mm），系统状态输出为应力 S（单位为 MPa），系统许用状态输出为强度 $[S]$（单位为 MPa），状态输出 S 有两个随机过程，且 $S(F, d_1) = \dfrac{4000F}{\pi d_1^2}$。强度 $[S]$ 可由试验数据给出。状态输出的漂移函数与波动函数分别为：

$$\begin{cases} \mu_{\ln S} = \dfrac{1}{F}\mu_F - \dfrac{2}{d_1}\mu_{d_1} - \dfrac{1}{F^2}\sigma_F^2 + \dfrac{2}{d_1^2}\sigma_{d_1}^2 \\[3mm] \sigma_{\ln S} = \dfrac{1}{F}\sigma_F - \dfrac{2}{d_1}\sigma_{d_1} \end{cases}$$

若零时刻 $F = 5\text{kN}$，要求工作 3600 天后可靠度 $R = 90\%$，螺栓许用强度 $[S] = 150\text{MPa}$。拉伸载荷与直径历史观测数据如图 3-14 和图 3-15 所示，观测值时间间隔 $\Delta = 10$（以天为单位）。

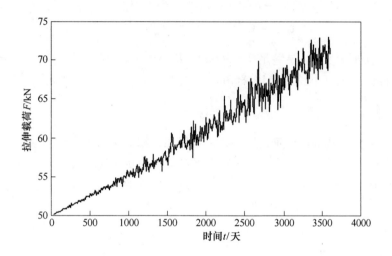

图 3-14　拉伸载荷历史观测数据

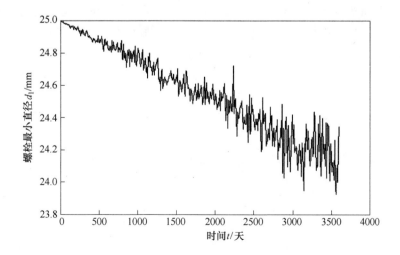

图 3-15　直径历史观测数据

计算可得：$\hat{\lambda}_F = 1.278 \times 10^{-4}$，$\hat{\delta}_F^2 = 5.755 \times 10^{-5}$。同理，对最小螺纹直径 d_1 历史数据仿真为 $\hat{\lambda}_{d_1} = -9.060 \times 10^{-6}$，$\hat{\delta}_{d_1}^2 = 1.947 \times 10^{-6}$；强度 $[S]$ 为 $\hat{\lambda}_{[S]} = -1.587 \times 10^{-5}$，$\hat{\delta}_{[S]}^2 = 4.412 \times 10^{-5}$。

强度 $[S]$ 服从几何布朗运动，则 $\ln[S]$ 服从均值为 $\ln P(0) + \left(\lambda_{[S]} - \dfrac{\delta_{[S]}^2}{2} \right) T$、方差为 $\delta_{[S]}^2 T$ 的正态分布。又：

$$\begin{cases} \mu_F = \lambda_F \cdot F(t), \sigma_F = \delta_F \cdot F(t) \\ \mu_{d_1} = \lambda_{d_1} \cdot d_1(t), \sigma_{d_1} = \delta_{d_1} \cdot d_1(t) \end{cases}$$

将上述结果代入，要满足 $T = 3600$ 时 $R(T) = 90\%$，则 $d_1 \geq 9.816\text{mm}$。选择 M12 螺栓，螺纹小径 $d_1 = 10.863\text{mm}$，则 $R(3600) \approx 95.5\%$ 满足要求。

3.4　小结

本章基于系统随时间演化的不确定性思想，提出了基于系统时变不确定性分析的状态输出和许用状态输出概念；从系统时变不确定性角度，对系统的时变不确定性/不确定度、可靠性/可靠度等概念进行了新的定义与解释；给出了系统时变不确定性分析模型一般表达形式，建立了考虑时间效应的系统时变不确定性分析的一般模型。

系统时变不确定性分析模型将系统整体时变不确定性由其漂移函数和波动函数描述，系统漂移函数和波动函数则仅仅由多个底层随机过程的两个重要参数——漂移率和波动率表达，然后对系统状态输出任意时刻的均值和方差进行估计。基于随机积分和伊藤引理，推导建立多变量系统状态的时变不确定性计算公式，给出了复杂矿用设备系统状态的时变不确定性表达——状态输出。利用状态输出和许用状态输出之关系不等式决定的概率计算，建立了时变不确定性分析模型，从而解析了时变不确定性分析的基本原理。通过该方法计算的系统可靠度（或不确定度）是动态的。此外，在设计阶段就"预先知道"了系统的任一时刻的可靠度（或不确定度），这为预测系统未来发展趋势提供了先期预警，对设备维护提供指导。本章给出了系统时变不确定性分析的算例，说明了其计算使用的方法。由于本章的时变不确定性分析方法并不是针对特定系统建立的，因此该方法具有普适性，可应用于其他领域的时变不确定性分析乃至可靠性设计中。

4

多绳摩擦提升设备的时变不确定性分析

4.1 概述

多绳摩擦提升设备是通过钢丝绳与摩擦轮上摩擦衬垫之间的摩擦力来实现动力传递，并沿井筒提升重物上下运行的。多绳摩擦提升设备利用多根钢丝绳提升或下放重物，减小了每根钢丝绳的直径，从而减小提升设备的体积和提升机的功率，并且增加设备的可靠性与安全性。多绳摩擦提升设备的钢丝绳是搭放在摩擦轮（或称为主导轮）上的，两提升容器或平衡锤分别悬挂在两侧。

多绳摩擦提升设备根据布置形式的不同，可以分为井塔式和落地式。井塔式多绳摩擦提升设备将提升机安置在井塔顶层，其布置结构紧凑，但建造成本高。落地式多绳摩擦提升设备将提升机安置在地面上，增加两个天轮保证竖直提升重物，其建造成本较低。

多绳摩擦提升设备具有很多优点：

（1）多根钢丝绳承受载荷，安全性高，且钢丝绳直径较细；

（2）因为主导轮直径小，所以提升机尺寸也小，电机容量与能耗均有大幅度的降低；

（3）提升高度不受滚筒容绳量限制，适用于深井提升；

（4）钢丝绳弯曲次数减少，改善工作条件。

基于上述优势，多绳摩擦提升机在我国大中型矿井中得到广泛应用。

4.1.1 基本动力学方程

提升设备在运行过程中有加速、匀速、减速等阶段，提升设备的动力学就是研究不同阶段作用在滚筒轴上的转矩的变化规律。

如图 4-1 所示，作用在提升机主轴上的力矩包括提升系统静阻力矩 M_{jz}，提升系统惯性力矩 M_g 及电机拖动力矩 M_T。根据达朗贝尔原理，其力矩平衡方程为：

$$M_{\mathrm{T}} - M_{\mathrm{jz}} - M_{\mathrm{g}} = 0 \qquad (4-1)$$

目前使用的均为等直径提升机，故力平衡方程为：

$$F - F_{\mathrm{jz}} - \sum ma = 0 \qquad (4-2)$$

式中　F——电机输出的拖动力，N；

　　　F_{jz}——提升系统静阻力，N；

　　　$\sum m$——提升系统各运动部分的质量变位到滚筒圆周上的变位质量总和，即
总变位质量，kg；

　　　a——提升机的加速度，$\mathrm{m/s^2}$。

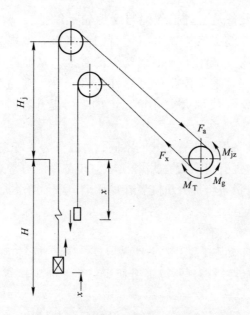

图 4-1　提升系统示意图

4.1.1.1　静阻力矩

提升系统的静阻力矩包括钢丝绳自重和提升重力引起的静力矩 M_{j} 以及提升
设备运行时的阻力矩 M_{z}。两根钢丝绳作用在滚筒上的静力矩方向相反，故静力
矩 M_{j} 为上升侧和下放侧的静力矩之差。上升侧的静力矩为：

$$M_{\mathrm{js}} = [m + m_{\mathrm{z}} + n_1 m_{\mathrm{p}}(H - x) + n_2 m_{\mathrm{q}} x] g R \qquad (4-3)$$

下放侧的静力矩为：

$$M_{jx} = \left[m_z + n_1 m_p x + n_2 m_q (H - x) \right] gR \qquad (4-4)$$

式中　m——提升货载质量，kg；

　　　m_z——容器自身质量，kg；

　　　m_p——提升钢丝绳单位质量，kg/m；

　　　m_q——尾绳单位质量，kg/m；

　　　n_1——提升钢丝绳数；

　　　n_2——尾绳数；

　　　R——滚筒半径，m；

　　　H——提升高度，从装载位置到卸载位置，m；

　　　x——已提升高度，m。

故总的静力矩为：

$$M_j = M_{js} - M_{jx} = \left[m - (n_2 m_q - n_1 m_p)(H - 2x) \right] gR \qquad (4-5)$$

提升设备运行阻力包括容器在井筒中运行的空气阻力，钢丝绳在天轮上的弯曲阻力及天轮的轴承阻力等。运行阻力时刻在变化，并且受多种因素的影响，难以精确计算，因此在实际工程中，通常按提升货载的百分比来估算，即提升设备的运行阻力矩为：

$$M_z = \xi mgR \qquad (4-6)$$

式中　ξ——常数，对于箕斗提升，$\xi = 0.15$；对于罐笼提升，$\xi = 0.2$。

运行阻力的方向与提升容器运行方向相反，因此提升系统的静阻力矩为：

$$M_{jz} = M_j + M_z = \left[(1 + \xi) m - (n_2 m_q - n_1 m_p)(H - 2x) \right] gR$$

$$= \left[km - (n_2 m_q - n_1 m_p)(H - 2x) \right] gR \qquad (4-7)$$

式中　k——$k = 1 + \xi$ 为矿井阻力系数，对于箕斗提升，$k = 1.15$；对于罐笼提升，$k = 1.2$。

4.1.1.2　惯性力矩

提升系统在运行时的惯性力形成的力矩，叫做惯性力矩 M_g，其大小为：

$$M_g = F_g R = \sum maR \qquad (4-8)$$

惯性力的方向与加速度方向相反。

式（4-8）中的 $\sum m$ 为提升系统的总变位质量。为简化计算，将提升系统各运动部件的所有运动质点都变位到提升机摩擦轮与钢丝绳相切位置，该位置的切向加速度就是提升容器的加速度，即提升系统各部件运动质点都集中在摩擦轮圆周上做同轴同回转半径的同速运动。提升系统复杂的运动就被简化为一个简单的运动质点。

提升系统中有三部分作直线运动，即提升载荷、提升容器和提升钢丝绳，它们的直线速度和加速度就是滚筒圆周上的速度和加速度，因此不需要变位，其本身质量等于变位质量。直线运动部分变位质量为：

$$m_L = m + 2m_z + n_1 m_p L_p + n_2 m_q L_q \tag{4-9}$$

式中 L_p——提升钢丝绳总长，$L_p = H + 2H_j$，m；

　　　　H_j——井架的高度，m；

　　　　L_q——尾绳长度，$L_q = H + 2H_h$，m；

　　　　H_h——尾绳环高度，$H_h = H_g + 1.5S$，m；

　　　　H_g——过卷高度，m；

　　　　S——两容器中心距，m。

提升系统中还有三部分做旋转运动，即提升机（包括减速器）、天轮和电机转子。在提升系统中这些部件各运动质点都围绕自己的轴，以不同回转半径和回转速度旋转，将它们变位到滚筒圆周上，各部件变位后质量值发生变化。

提升机（包括减速器）的变位质量 m_j 和天轮的变位质量 m_t 可直接通过查询技术规格表获得，不必计算，因此只需要计算电机转子的变位质量 m_d。

电机转子的变位质量为：

$$m_d = \frac{(GD^2)_d}{g} \frac{i^2}{D^2} \tag{4-10}$$

式中 $(GD^2)_d$——电机转子的飞轮力矩，N·m²，可查电机规格表获得；

　　　　i——减速器传动比；

　　　　D——提升机滚筒直径，m。

综上，提升系统总的变位质量为：

$$\sum m = m + 2m_z + n_1 m_p L_p + n_2 m_q L_q + 2m_t + m_j + m_d \tag{4-11}$$

4.1.1.3 提升系统的拖动力矩

拖动力矩的方向与运动方向相同，它的大小为：

$$M_T = FR \qquad\qquad (4-12)$$

式中　F——提升电机作用在滚筒缠绳圆周上的拖动力，N。

综上所述，提升系统的基本动力学方程为：

$$F = kmg - (n_2 m_q g - n_1 m_p g)(H - 2x) + \sum ma \qquad (4-13)$$

4.1.2　运动学与动力学分析

提升设备运动学研究的是提升容器的运动速度随时间变化的规律，并基于运动学分析，建立更为合理的运转方式。提升设备运动学的基本任务是确定合理的加（减）速度、各阶段持续时间以及对应的容器行程，并绘制一个提升循环的速度图与加速度图。

根据提升系统的基本动力学方程式（4-13）可知，拖动力 F 是容器行程 x 和加速度 a 的函数，而 x 又是时间 t 的函数，因此拖动力 F 是 t 和 a 的函数。以无尾绳静力不平衡提升设备为例，给出提升设备的运动学计算。

4.1.2.1　提升设备运行规律

提升设备在一个提升循环内其提升速度的变化规律可以用提升速度图来表示。采用五阶段速度图表示罐笼提升设备一个提升循环内速度随时间的变化规律，对于箕斗提升设备，则需要额外加一个初加速阶段，故采用六阶段速度图表示。五阶段和六阶段速度图如图 4-2 所示。

4.1.2.2　提升加速度

A　箕斗提升初加速度 a_0

若箕斗在卸载曲轨内的行程为 h_0，则箕斗的平均初始加速度为：

$$a_0 = \frac{v_0^2}{2h_0} \qquad\qquad (4-14)$$

B　主加速度 a_1 与减速度 a_3

主加速度的大小受《煤矿安全规程》、减速器强度和电机过负荷能力限制。《煤矿安全规程》对提升加、减速度的限制为：立井升降人员加、减速度不超过 $0.75\mathrm{m/s^2}$；斜井升降人员加、减速度不超过 $0.5\mathrm{m/s^2}$；物料升降无明确规定，一般竖井不超过 $1.2\mathrm{m/s^2}$，斜井不超过 $0.7\mathrm{m/s^2}$。

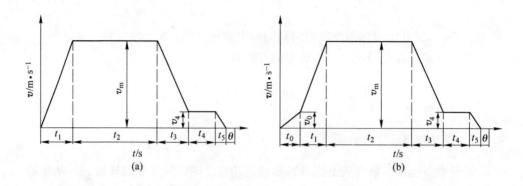

图 4-2 五阶段和六阶段速度图

t_0—初加速阶段运行时间，此时空箕斗在卸载曲轨内运行，因此加速度 a_0 不能太高。根据《煤炭工业设计规范》规定，箕斗滑轮离开曲轨时的速度应满足 $v_0 \le 1.5 \mathrm{m/s}$；t_1—主加速阶段运行时间，加速度 a_1 较大，提升速度从 v_0 加速到最大速度 v_m 的时间；t_2—匀速阶段运行时间，以最大提升速度 v_m 运行的时间；t_3—主减速阶段运行时间，提升速度从最大速度 v_m 减速到爬行速度 v_4 的时间；t_4—爬行阶段运行时间，箕斗进入卸载曲轨，要求运行速度控制为 $v_4 \le 1.5 \mathrm{m/s}$；t_5—抱闸停车阶段时间；θ—休止时间，即装卸载时间

电机最大平均出力应大于或等于加速度阶段实际所需最大出力，则：

$$a_1 \leqslant \frac{0.75\lambda F_e - kmg - m_p gH}{\sum m} \qquad (4-15)$$

式中　　λ——电机过负荷系数；

　　　　F_e——电动机额定出力，$F_e = \dfrac{1000 N_e \eta_j}{v_m}$，N；

　　　　N_e——电机额定功率，kW；

　　　　η_j——传动效率。

电动机通过减速器作用到摩擦轮上的额定拖动力矩必须小于减速器所允许的最大输出转矩，则：

$$a_1 \leqslant \frac{\dfrac{2[M_{\max}]}{D} - (kmg + m_p gH)}{\sum m - m_d} \qquad (4-16)$$

式中　$[M_{\max}]$——减速器输出轴最大允许输出转矩，N·m，查规格表可得。

综合比较上述三个条件，按其中最小值确定主加速度 a_1 的大小。

提升减速度一般取值与主加速度值相同。它不仅需要满足《煤矿安全规程》

的规定，还需要考虑提升设备的减速方式。

a 自由减速滑行

减速电机断电，拖动力矩为零，提升货载靠惯性自由滑行，减速阶段开始时 $x = H - h_3$，h_3 为减速阶段行程，故：

$$a_3 = \frac{kmg - m_p g(H - 2h_3)}{\sum m} \tag{4-17}$$

b 电动机减速

当自由滑行减速度过大时，就需要采用电机减速，要求电机输出力不小于额定值的 0.35 倍，则：

$$a_3 \leqslant \frac{kmg - m_p g(H - 2h_3) - 0.35 F_e}{\sum m} \tag{4-18}$$

c 制动减速

当自由滑行减速度过小时，就需要施加制动力矩。若采用机械制动减速，为避免闸瓦发热和磨损，制动力应不大于 $0.3mg$，则：

$$a_3 \leqslant \frac{kmg - m_p g(H - 2h_3) + 0.3mg}{\sum m} \tag{4-19}$$

若采用电气制动减速，则：

$$a_3 \leqslant \frac{kmg - m_p g(H - 2h_3) + F_z}{\sum m} \tag{4-20}$$

式中 F_z——电气制动力。

4.1.2.3 提升速度图参数

在计算速度图参数前，需已知提升高度 H、最大实际提升速度 v_m 及速度图中参数 a_0、a_1、a_3、v_4、h_4 和 v_0 等。

A 初加速阶段

卸载曲轨初加速时间为 $t_0 = \frac{v_0}{a_0}$，箕斗在卸载曲轨内的行程为 $h_0 = \frac{v_0^2}{2a_0}$。

B 主加速阶段

加速时间为 $t_1 = \frac{v_m - v_0}{a_1}$，加速行程为 $h_1 = \frac{v_m^2 - v_0^2}{2a_1}$。

C 匀速阶段

匀速阶段行程为 $h_2 = H - h_0 - h_1 - h_3 - h_4$，运行时间为 $t_2 = \dfrac{h_2}{v_{\mathrm{m}}}$。

D 主减速阶段

减速时间为 $t_3 = \dfrac{v_{\mathrm{m}} - v_4}{a_3}$，减速行程为 $h_3 = \dfrac{v_{\mathrm{m}}^2 - v_4^2}{2a_3}$。

E 爬行阶段

爬行时间为 $t_4 = \dfrac{h_4}{v_4}$。

F 抱闸停车阶段

停车时间 t_5 可定为 $1s$，行程很小，可忽略计算，减速度 a_5 一般取 $1\mathrm{m/s}^2$。

G 一个提升循环时间

$$T_{\mathrm{x}} = t_0 + t_1 + t_2 + t_3 + t_4 + t_5 + \theta \qquad (4-21)$$

提升设备单位小时提升能力为：

$$A_{\mathrm{s}} = \frac{3600}{T_{\mathrm{x}}} m \qquad (4-22)$$

式中　m——一次提升货载的质量，t。

提升设备年实际提升量为：

$$A_{\mathrm{n}}' = \frac{b_{\mathrm{r}} t A_{\mathrm{s}}}{c} \qquad (4-23)$$

提升能力富裕系数为：

$$a_{\mathrm{f}} = \frac{A_{\mathrm{n}}'}{A_{\mathrm{n}}} \qquad (4-24)$$

式中　A_{n}——矿井设计年产量，t；

b_r——年工作日数，日；

t——每日提升小时数，h；

c——提升不均衡系数，有井下煤仓时取 1.1 ~ 1.15，无井下煤仓时取 1.2。

4.1.2.4 各阶段拖动力

提升设备动力学旨在研究提升过程中作用在摩擦轮圆周上的拖动力的变化规律，并且为电机功率的计算和电气控制设备的选择提供参考依据。

A 初加速阶段

提升初始，$x = 0$，$a = a_0$，拖动力为：

$$F_0 = kmg - (n_2 m_q g - n_1 m_p g)H + \sum ma_0 \qquad (4-25)$$

出曲轨，$x = h_0$，$a = a_0$，拖动力为：

$$F_0' = kmg - (n_2 m_q g - n_1 m_p g)(H - 2h_0) + \sum ma_0$$

$$= F_0 + 2(n_2 m_q g - n_1 m_p g)h_0 \qquad (4-26)$$

B 主加速阶段

开始时，$x = h_0$，$a = a_1$，拖动力为：

$$F_1 = kmg - (n_2 m_q g - n_1 m_p g)(H - 2h_0) + \sum ma_1$$

$$= F_0' + \sum m(a_1 - a_0) \qquad (4-27)$$

结束时，$x = h_0 + h_1$，$a = a_1$，拖动力为：

$$F_1' = kmg - (n_2 m_q g - n_1 m_p g)(H - 2h_0 - 2h_1) + \sum ma_1$$

$$= F_1 + 2(n_2 m_q g - n_1 m_p g)h_1 \qquad (4-28)$$

C 匀速阶段

开始时，$x = h_0 + h_1$，$a = 0$，拖动力为：

$$F_2 = kmg - (n_2 m_q g - n_1 m_p g)(H - 2h_0 - 2h_1) = F_1' - \sum ma_1 \qquad (4-29)$$

结束时，$x = h_0 + h_1 + h_2$，$a = 0$，拖动力为：

$$F_2' = kmg - (n_2 m_q g - n_1 m_p g)(H - 2h_0 - 2h_1 - 2h_2)$$

$$= F_2 + 2(n_2 m_q g - n_1 m_p g)h_2 \qquad (4-30)$$

D   减速阶段

开始时，$x = h_0 + h_1 + h_2$，$a = -a_3$，拖动力为：

$$F_3 = kmg - (n_2 m_q g - n_1 m_p g)(H - 2h_0 - 2h_1 - 2h_2) - \sum ma_3$$

$$= F_2' - \sum ma_3 \qquad (4-31)$$

结束时，$x = h_0 + h_1 + h_2 + h_3$，$a = -a_3$，拖动力为：

$$F_3' = kmg - (n_2 m_q g - n_1 m_p g)(H - 2h_0 - 2h_1 - 2h_2 - 2h_3) - \sum ma_3$$

$$= F_3 + 2(n_2 m_q g - n_1 m_p g)h_3 \qquad (4-32)$$

E   爬行阶段

开始时，$x = h_0 + h_1 + h_2 + h_3$，$a = 0$，拖动力为：

$$F_4 = kmg - (n_2 m_q g - n_1 m_p g)(H - 2h_0 - 2h_1 - 2h_2 - 2h_3)$$

$$= F_3' - \sum ma_3 \qquad (4-33)$$

结束时，$x = H$，$a = 0$，拖动力为：

$$F_4' = kmg - (n_2 m_q g - n_1 m_p g)H \qquad (4-34)$$

4.2   动防滑的时变不确定性分析

多绳摩擦提升属于挠性体摩擦传动，存在钢丝绳打滑现象。钢丝绳打滑有两种：一种是钢丝绳逆主导轮方向滑动；另一种是钢丝绳顺主导轮方向滑动。主导轮两侧钢丝绳的张力差使得钢丝绳具有向张力大的一侧产生滑动的趋势，而钢丝绳与摩擦衬垫之间的摩擦力阻止发生相对滑动。

为避免钢丝绳滑动，当钢丝绳有逆主导轮方向滑动趋势时：

$$F_S < F_X e^{f\alpha} \tag{4 - 35}$$

当钢丝绳有顺主导轮方向滑动趋势时：

$$F_X < F_S e^{f\alpha} \tag{4 - 36}$$

式中　F_S——上升侧（重载侧）钢丝绳张力，N；

　　　F_X——下放侧（空载侧）钢丝绳张力，N；

　　　f——钢丝绳与摩擦衬垫间的摩擦系数，通常取 $f = 0.2$；

　　　α——钢丝绳对主导轮的包角，rad。

一般在满足动防滑的情况下，肯定满足静防滑要求，因此对多绳摩擦提升系统的动防滑进行分析即可。

对于多绳摩擦双箕斗提升，产生滑动的危险工况主要有如下三种：提升重载时加速阶段逆滑、提升重载时减速阶段顺滑和下放重载时减速阶段顺滑。本节研究对象为塔式带导向轮的多绳摩擦双箕斗提升系统。

4.2.1　重载加速提升阶段防滑不确定性分析

在重载加速提升这一阶段，只可能发生逆滑，主导轮两侧钢丝绳的动张力分别为：

$$\begin{cases} F_{xd} = m_z g + n_1 m_p (H_j + x) g + n_2 m_q (H - x + H_h) g - \dfrac{\xi}{2} mg - \sum m_{x1} a_1 \\ F_{sd} = mg + m_z g + n_1 m_p (H_j + H - x) g + n_2 m_q (x + H_h) g + \dfrac{\xi}{2} mg + \sum m_{s1} a_1 \end{cases}$$
$$\tag{4 - 37}$$

式中　F_{xd}——下放侧钢丝绳动拉力，N；

　　　F_{sd}——上升侧钢丝绳动拉力，N；

　　　m——提升货载质量，kg；

　　　m_z——容器自身质量，kg；

　　　m_p——提升钢丝绳单位质量，kg/m；

　　　m_q——尾绳单位质量，kg/m；

n_1——提升钢丝绳数目；

n_2——尾绳数目；

H——提升高度，从装载位置到卸载位置，m；

H_j——卸载位置到主导轮圆心的高度，m；

x——已提升高度，m；

H_h——尾绳环高度，m；

ξ——运行阻力，对于箕斗提升，$\xi = 0.15$；对于罐笼提升，$\xi = 0.2$；

a_1——提升设备主加速度，m/s^2；

$\sum m_{x1}$——下放侧变位质量，kg；

$\sum m_{s1}$——上升侧变位质量，kg。

当导向轮在上升侧时：

$$\begin{cases} \sum m_{x1} = m_z + n_1 m_p (H_j + x) + n_2 m_q (H - x - H_h) \\ \sum m_{s1} = m + m_z + n_1 m_p (H_j + H - x) + n_2 m_q (x + H_h) + m_d \end{cases} \quad (4-38)$$

当导向轮在下放侧时：

$$\begin{cases} \sum m_{x1} = m_z + n_1 m_p (H_j + x) + n_2 m_q (H - x - H_h) + m_d \\ \sum m_{s1} = m + m_z + n_1 m_p (H_j + H - x) + n_2 m_q (x + H_h) \end{cases} \quad (4-39)$$

式中 m_d——导向轮变位质量，kg。

基于时变不确定性分析理论，系统状态函数为 $S_1 = F_{sd}$，系统许用函数为 $S_2 = F_{xd} e^{f\alpha}$。多绳摩擦提升系统的防滑可靠度为：

$$R = P(S_1 < S_2) = P(\ln S_2 - \ln S_1 > 0) \quad (4-40)$$

对于等尾绳提升系统，$n_1 m_p = n_2 m_q$，F_{xd} 和 F_{sd} 的值不随已提升高度 x 变化，即系统可靠度计算时取任意 x 值均可；对于重尾绳提升系统，$n_1 m_p < n_2 m_q$，随着 x 的增大，F_{sd} 增大，F_{xd} 减小，则系统可靠度的计算应取 x 的最大值，即 $x = \dfrac{v_m^2}{2a_1}$；对于轻尾绳提升系统，$n_1 m_p > n_2 m_q$，随着 x 的增大，F_{sd} 减小，F_{xd} 增大，则系统可靠度的计算应取 x 的最小值，即 $x = 0$。同时，导向轮在下放侧时，相同条件下系统的可靠度更低，因此对导向轮在下放侧的情况进行分析即可。

令

$$\begin{cases} m_A = m_z + n_1 m_p (H_j + x) + n_2 m_q (H - x + H_h) \\ m_B = m_z + n_1 m_p (H_j + H - x) + n_2 m_q (x + H_h) \end{cases} \quad (4-41)$$

由于质量 m 的漂移率可视为零，故 S_1 的漂移函数和波动函数分别为：

$$\begin{cases} \mu_{S_1}(t) = \dfrac{\partial S_1}{\partial m}\mu_m(t) + \dfrac{\partial S_1}{\partial a_1}\mu_{a_1}(t) + \dfrac{\partial}{\partial m}\left(\dfrac{\partial S_1}{\partial a_1}\right)\sigma_m(t)\sigma_{a_1}(t) \\ \qquad = \left[m(t) + m_B\right]a_1(t) \cdot \lambda_{a_1} + m(t)a_1(t)\delta_m\delta_{a_1} \\ \sigma_{S_1}(t) = \dfrac{\partial S_1}{\partial m}\sigma_m(t) + \dfrac{\partial S_1}{\partial a_1}\sigma_{a_1}(t) \\ \qquad = \left[\left(1 + \dfrac{\xi}{2}\right)g + a_1(t)\right]m(t) \cdot \delta_m + \left[m(t) + m_B\right]a_1(t) \cdot \delta_{a_1} \end{cases}$$

$$(4-42)$$

S_1 的均值和方差分别为：

$$\begin{cases} E\left[S_1(t)\right] = S_1(0) + \displaystyle\int_0^t \mu_{S_1}(s)\,\mathrm{d}s \\ \qquad = \left[m_B + \left(1 + \dfrac{\xi}{2}\right)m(0)\right]g + \left[m_B + m(0)\right]a_1(0) \cdot \mathrm{e}^{\lambda_{a_1}t} \\ \mathrm{var}\left[S_1(t)\right] = \displaystyle\int_0^t \sigma_{S_1}(s)\,\mathrm{d}w_s \\ \qquad = \left[\left(1 + \dfrac{\xi}{2}\right)m(0)g\right]^2(\mathrm{e}^{\delta_m^2 t} - 1) + \left[m_B a_1(0) \cdot \mathrm{e}^{\lambda_{a_1}t}\right]^2 \\ \qquad\quad (\mathrm{e}^{\delta_{a_1}^2 t} - 1) + \left[m(0)a_1(0) \cdot \mathrm{e}^{\lambda_{a_1}t}\right]^2 \\ \qquad\quad \left[\mathrm{e}^{(\delta_m^2 + \delta_{a_1}^2)t} - 1\right] \end{cases}$$

$$(4-43)$$

根据 3.2.4 节中式（3-39）可算出 $\ln S_1$ 的均值和方差。

S_2 的漂移函数和波动函数分别为：

$$\begin{cases} \mu_{S_2}(t) = \dfrac{\partial S_2}{\partial m}\mu_m(t) + \dfrac{\partial S_2}{\partial a_1}\mu_{a_1}(t) = -\mathrm{e}^{f\alpha}(m_d + m_A)a_1(t) \cdot \lambda_{a_1} \\ \sigma_{S_2}(t) = \dfrac{\partial S_2}{\partial m}\sigma_m(t) + \dfrac{\partial S_2}{\partial a_1}\sigma_{a_1}(t) \\ \qquad = \mathrm{e}^{f\alpha}\left[-\dfrac{\xi}{2}m(t)g \cdot \delta_m - (m_d + m_A)a_1(t) \cdot \delta_{a_1}\right] \end{cases}$$

$$(4-44)$$

S_2 的均值和方差分别为：

$$
\begin{cases}
E[S_2(t)] = S_2(0) + \int_0^t \mu_{S_2}(s)\,\mathrm{d}s \\
\qquad\quad = \mathrm{e}^{f\alpha}\Big[m_A g - \dfrac{\xi}{2}m(0)g - (m_A + m_d)a_1(0)\cdot\mathrm{e}^{\lambda_{a_1}t}\Big] \\
\mathrm{var}[S_2(t)] = \int_0^t \sigma_{S_2}(s)\,\mathrm{d}w_s \\
\qquad\quad = \mathrm{e}^{2f\alpha}\Big\{\Big[-\dfrac{\xi}{2}m(0)g\Big]^2(\mathrm{e}^{\delta_m^2 t} - 1) + \big[(m_A + m_d)a_1(0)\cdot \\
\qquad\qquad \mathrm{e}^{\lambda_{a_1}t}\big]^2(\mathrm{e}^{\delta_{a_1}^2 t} - 1)\Big\}
\end{cases}
$$

$$(4-45)$$

根据 3.2.4 节中式（3-39）可算出 $\ln S_2$ 的均值和方差。

综上，多绳摩擦提升系统的动防滑可靠度为：

$$
R(t) = \Phi\left[\frac{\hat{\mu}_{\ln S_2}(t) - \hat{\mu}_{\ln S_1}(t)}{\sqrt{\hat{\sigma}^2_{\ln S_2}(t) + \hat{\sigma}^2_{\ln S_1}(t)}}\right]
\tag{4-46}
$$

根据第 3 章中时变不确定性理论，在给出 t 时刻的可靠度 $R(t)$ 的情况下，可以反推出设计变量初始值应当满足的条件。

4.2.2   重载减速提升阶段防滑不确定性分析

在重载减速提升这一阶段，当紧急制动且制动力矩特别大时，可能使上升侧钢丝绳拉力小于下降侧钢丝绳拉力，引起钢丝绳顺滑，即钢丝绳顺主导轮旋转方向滑动。主导轮两侧钢丝绳的动张力分别为：

$$
\begin{cases}
F_{xd} = m_z g + n_1 m_p(H_j + x)g + n_2 m_q(H - x + H_h)g - \dfrac{\xi}{2}mg + \sum m_{x2}a_3 \\
F_{sd} = mg + m_z g + n_1 m_p(H_j + H - x)g + n_2 m_q(x + H_h)g + \dfrac{\xi}{2}mg - \sum m_{s2}a_3
\end{cases}
$$

$$(4-47)$$

当导向轮在上升侧时：

$$
\begin{cases}
\sum m_{x2} = m_z + n_1 m_p(H_j + x) + n_2 m_q(H - x - H_h) \\
\sum m_{s2} = m + m_z + n_1 m_p(H_j + H - x) + n_2 m_q(x + H_h) + m_d
\end{cases}
\tag{4-48}
$$

当导向轮在下放侧时：

$$\begin{cases} \sum m_{x2} = m_z + n_1 m_p (H_j + x) + n_2 m_q (H - x - H_h) + m_d \\ \sum m_{s2} = m + m_z + n_1 m_p (H_j + H - x) + n_2 m_q (x + H_h) \end{cases} \quad (4-49)$$

基于时变不确定性分析理论，系统状态函数为 $S_1 = F_{xd}$，系统许用函数为 $S_2 = F_{sd} e^{f\alpha}$。多绳摩擦提升系统的防滑可靠度为：

$$R = P(S_1 < S_2) = P(\ln S_2 - \ln S_1 > 0) \quad (4-50)$$

对于等尾绳提升系统，$n_1 m_p = n_2 m_q$，F_{xd} 和 F_{sd} 的值不随已提升高度 x 变化，即系统可靠度计算时取任意 x 值均可；对于重尾绳提升系统，$n_1 m_p < n_2 m_q$，随着 x 的增大，F_{sd} 增大，F_{xd} 减小，则系统可靠度的计算应取 x 的最小值，即 $x = H - h_4 - h_3$；对于轻尾绳提升系统，$n_1 m_p > n_2 m_q$，随着 x 的增大，F_{sd} 减小，F_{xd} 增大，则系统可靠度的计算应取 x 的最大值，即 $x = H - h_4$。同时，导向轮在上升侧时，相同条件下系统的可靠度更低，因此对导向轮在上升侧的情况进行分析即可。

由于质量 m 的漂移率可视为零，故 S_1 的漂移函数和波动函数分别为：

$$\begin{cases} \mu_{S_1}(t) = \dfrac{\partial S_1}{\partial m} \mu_m(t) + \dfrac{\partial S_1}{\partial a_3} \mu_{a_3}(t) = m_A a_3(t) \cdot \lambda_{a_3} \\ \sigma_{S_1}(t) = \dfrac{\partial S_1}{\partial m} \sigma_m(t) + \dfrac{\partial S_1}{\partial a_3} \sigma_{a_3}(t) = -\dfrac{\xi}{2} m(t) g \cdot \delta_m + m_A a_3(t) \cdot \delta_{a_3} \end{cases}$$

$$(4-51)$$

S_1 的均值和方差分别为：

$$\begin{cases} E[S_1(t)] = S_1(0) + \displaystyle\int_0^t \mu_{S_1}(s) \mathrm{d}s \\ \qquad\quad = m_A g - \dfrac{\xi}{2} m(0) g + m_A a_3(0) \cdot e^{\lambda_{a_3} t} \\ \mathrm{var}[S_1(t)] = \displaystyle\int_0^t \sigma_{S_1}(s) \mathrm{d}w_s \\ \qquad\quad = \left[-\dfrac{\xi}{2} m(0) g \right]^2 (e^{\delta_m^2 t} - 1) + [m_A a_3(0) \cdot e^{\lambda_{a_3} t}]^2 (e^{\delta_{a_3}^2 t} - 1) \end{cases}$$

$$(4-52)$$

根据 3.2.4 节中式（3-39）可算出 $\ln S_1$ 的均值和方差。

S_2 的漂移函数和波动函数分别为：

$$
\begin{cases}
\mu_{S_2}(t) = \dfrac{\partial S_2}{\partial m}\mu_m(t) + \dfrac{\partial S_2}{\partial a_3}\mu_{a_3}(t) + \dfrac{\partial}{\partial m}\left(\dfrac{\partial S_2}{\partial a_3}\right)\sigma_m(t)\sigma_{a_3}(t) \\[3mm]
\quad = -e^{f\alpha}\left\{\left[m(t) + m_{\mathrm{B}} + m_{\mathrm{d}}\right]a_3(t)\cdot\lambda_{a_1} + m(t)a_3(t)\delta_m\delta_{a_3}\right\} \\[3mm]
\sigma_{S_2}(t) = \dfrac{\partial S_2}{\partial m}\sigma_m(t) + \dfrac{\partial S_2}{\partial a_3}\sigma_{a_3}(t) \\[3mm]
\quad = e^{f\alpha}\left\{\left[\left(1 + \dfrac{\xi}{2}\right)g + a_3(t)\right]m(t)\cdot\delta_m + \left[m(t) + m_{\mathrm{B}} + m_{\mathrm{d}}\right]a_3(t)\cdot\delta_{a_3}\right\}
\end{cases}
$$
$$(4-53)$$

S_2 的均值和方差分别为:

$$
\begin{cases}
E[S_2(t)] = S_2(0) + \displaystyle\int_0^t \mu_{S_2}(s)\,\mathrm{d}s \\[3mm]
\quad = e^{f\alpha}\left[m_{\mathrm{B}} + \left(1 + \dfrac{\xi}{2}\right)m(0)\right]g - e^{f\alpha}\left[m_{\mathrm{B}} + m_{\mathrm{d}} + m(0)\right] \\[3mm]
\qquad a_3(0)\cdot e^{\lambda_{a_3}t} \\[3mm]
\mathrm{var}[S_2(t)] = \displaystyle\int_0^t \sigma_{S_2}(s)\,\mathrm{d}w_s \\[3mm]
\quad = e^{f\alpha}\left[\left(1 + \dfrac{\xi}{2}\right)m(0)g\right]^2(e^{\delta_m^2 t} - 1) + e^{f\alpha}\left[(m_{\mathrm{B}} + m_{\mathrm{d}})a_3(0)\cdot e^{\lambda_{a_3}t}\right]^2 \\[3mm]
\qquad (e^{\delta_{a_3}^2 t} - 1) + e^{f\alpha}\left[m(0)a_3(0)\cdot e^{\lambda_{a_3}t}\right]^2\left[e^{(\delta_m^2 + \delta_{a_3}^2)t} - 1\right]
\end{cases}
$$
$$(4-54)$$

根据 3.2.4 节中式 (3-39) 可算出 $\ln S_2$ 的均值和方差。

综上,多绳摩擦提升系统的动防滑可靠度为:

$$
R(t) = \Phi\left[\frac{\hat{\mu}_{\ln S_2}(t) - \hat{\mu}_{\ln S_1}(t)}{\sqrt{\hat{\sigma}^2_{\ln S_2}(t) + \hat{\sigma}^2_{\ln S_1}(t)}}\right]
$$
$$(4-55)$$

根据第 3 章中时变不确定性理论,在给出 t 时刻的可靠度 $R(t)$ 的情况下,可以反推出设计变量初始值应当满足的条件。

4.2.3　重载减速下放阶段防滑不确定性分析

箕斗提升至中途,因主电机突然断电而紧急停车,当接上电源准备继续提升时，由于司机误操作反开而使重箕斗全速下放，到了减速点时，司机发现开反了，于是立即切断电源进行紧急制动，但是没有停住，致使钢丝绳顺主导轮旋转方向滑动。这种工况一般很少发生，但最危险，属于事故性工况。

主导轮两侧钢丝绳的动张力分别为：

$$\begin{cases} F_{xd} = mg + m_z g + n_1 m_p (H_j + x)g + n_2 m_q (H - x + H_h)g - \\ \qquad \dfrac{\xi}{2}mg + \sum m_{x3} a_3 \\ F_{sd} = m_z g + n_1 m_p (H_j + H - x)g + n_2 m_q (x + H_h)g + \\ \qquad \dfrac{\xi}{2}mg - \sum m_{s3} a_3 \end{cases} \tag{4-56}$$

当导向轮在上升侧时：

$$\begin{cases} \sum m_{x3} = m + m_z + n_1 m_p (H_j + x) + n_2 m_q (H - x - H_h) \\ \sum m_{s3} = m_z + n_1 m_p (H_j + H - x) + n_2 m_q (x + H_h) + m_d \end{cases} \tag{4-57}$$

当导向轮在下放侧时：

$$\begin{cases} \sum m_{x3} = m + m_z + n_1 m_p (H_j + x) + n_2 m_q (H - x - H_h) + m_d \\ \sum m_{s3} = m_z + n_1 m_p (H_j + H - x) + n_2 m_q (x + H_h) \end{cases} \tag{4-58}$$

基于时变不确定性分析理论，系统状态函数为 $S_1 = F_{xd}$，系统许用函数为 $S_2 = F_{sd} e^{f\alpha}$。多绳摩擦提升系统的防滑可靠度为：

$$R = P(S_1 < S_2) = P(\ln S_2 - \ln S_1 > 0) \tag{4-59}$$

对于等尾绳提升系统，$n_1 m_p = n_2 m_q$，F_{xd} 和 F_{sd} 的值不随已提升高度 x 变化，即系统可靠度计算时取任意 x 值均可；对于重尾绳提升系统，$n_1 m_p < n_2 m_q$，随着 x 的增大，F_{sd} 增大，F_{xd} 减小，则系统可靠度的计算应取 x 的最小值，即 $x = H - h_4 - h_3$；对于轻尾绳提升系统，$n_1 m_p > n_2 m_q$，随着 x 的增大，F_{sd} 减小，F_{xd} 增大，则系统可靠度的计算应取 x 的最大值，即 $x = H - h_4$。同时，导向轮在上升侧时，相同条件下系统的可靠度更低，因此对导向轮在上升侧的情况进行分析即可。

S_1 的漂移函数和波动函数分别为：

$$
\begin{cases}
\mu_{S_1}(t) = \dfrac{\partial S_1}{\partial m}\mu_m(t) + \dfrac{\partial S_1}{\partial a_3}\mu_{a_1}(t) + \dfrac{\partial}{\partial m}\left(\dfrac{\partial S_1}{\partial a_3}\right)\sigma_m(t)\sigma_{a_3}(t) \\[2mm]
\quad = \left[\, m(t) + m_A \,\right] a_3(t) \cdot \lambda_{a_3} + m(t) a_3(t) \delta_m \delta_{a_3} \\[3mm]
\sigma_{S_1}(t) = \dfrac{\partial S_1}{\partial m}\sigma_m(t) + \dfrac{\partial S_1}{\partial a_3}\sigma_{a_3}(t) \\[2mm]
\quad = \left[\left(1 - \dfrac{\xi}{2}\right)g + a_3(t)\right] m(t) \cdot \delta_m + \left[\, m(t) + m_A \,\right] a_3(t) \cdot \delta_{a_3}
\end{cases}
\tag{4-60}
$$

S_1 的均值和方差分别为：

$$
\begin{cases}
E[\,S_1(t)\,] = S_1(0) + \displaystyle\int_0^t \mu_{S_1}(s)\,\mathrm{d}s \\[2mm]
\quad = \left[\, m_A + \left(1 - \dfrac{\xi}{2}\right)m(0)\right]g + \left[\, m_A + m(0)\,\right]a_3(0) \cdot \mathrm{e}^{\lambda_{a_3} t} \\[3mm]
\mathrm{var}[\,S_1(t)\,] = \displaystyle\int_0^t \sigma_{S_1}(s)\,\mathrm{d}w_s \\[2mm]
\quad = \left[\left(1 - \dfrac{\xi}{2}\right)m(0)g\right]^2 (\mathrm{e}^{\delta_m^2 t} - 1) + \left[\, m_A a_3(0) \cdot \mathrm{e}^{\lambda_{a_3} t}\,\right]^2 \\[2mm]
\quad (\mathrm{e}^{\delta_{a_3}^2 t} - 1) + \left[\, m(0) a_3(0) \cdot \mathrm{e}^{\lambda_{a_3} t}\,\right]^2 (\mathrm{e}^{(\delta_m^2 + \delta_{a_3}^2) t} - 1)
\end{cases}
\tag{4-61}
$$

根据 3.2.4 节中式（3-39）可算出 $\ln S_1$ 的均值和方差。

S_2 的漂移函数和波动函数分别为：

$$
\begin{cases}
\mu_{S_2}(t) = \dfrac{\partial S_2}{\partial m}\mu_m(t) + \dfrac{\partial S_2}{\partial a_3}\mu_{a_3}(t) \\[2mm]
\quad = \mathrm{e}^{f\alpha}\left[\, -(m_d + m_B) a_3(t) \cdot \lambda_{a_3}\,\right] \\[3mm]
\sigma_{S_2}(t) = \dfrac{\partial S_2}{\partial m}\sigma_m(t) + \dfrac{\partial S_2}{\partial a_3}\sigma_{a_3}(t) \\[2mm]
\quad = \mathrm{e}^{f\alpha}\left[\, \dfrac{\xi}{2} m(t) g \cdot \delta_m - (m_d + m_B) a_3(t) \cdot \delta_{a_3}\,\right]
\end{cases}
\tag{4-62}
$$

S_2 的均值和方差分别为：

$$
\begin{cases}
\begin{aligned}
E[S_2(t)] &= S_2(0) + \int_0^t \mu_{S_2}(s)\mathrm{d}s \\
&= e^{f\alpha}\Big[m_{\mathrm{B}}g + \frac{\xi}{2}m(0)g - (m_{\mathrm{B}} + m_{\mathrm{d}})a_3(0) \cdot e^{\lambda_{a_3}t} \Big]
\end{aligned} \\[4mm]
\begin{aligned}
\mathrm{var}[S_2(t)] &= \int_0^t \sigma_{S_2}(s)\mathrm{d}w_{\mathrm{s}} \\
&= e^{2f\alpha}\Big\{ \Big[\frac{\xi}{2}m(0)g \Big]^2 (e^{\delta_m^2 t} - 1) + \big[(m_{\mathrm{B}} + m_{\mathrm{d}})a_3(0) \cdot e^{\lambda_{a_3}t} \big]^2 \\
&\qquad (e^{\delta_{a_3}^2 t} - 1) \Big\}
\end{aligned}
\end{cases}
$$

$$
\text{(4 - 63)}
$$

根据 3.2.4 节中式（3 - 39）可算出 $\ln S_2$ 的均值和方差。

综上，多绳摩擦提升系统的动防滑可靠度为：

$$
R(t) = \Phi\left[\frac{\hat{\mu}_{\ln S_2}(t) - \hat{\mu}_{\ln S_1}(t)}{\sqrt{\hat{\sigma}_{\ln S_2}^2(t) + \hat{\sigma}_{\ln S_1}^2(t)}} \right] \tag{4 - 64}
$$

根据第 3 章中时变不确定性理论，在给出 t 时刻的可靠度 $R(t)$ 的情况下，可以反推出设计变量初始值应当满足的条件。

4.2.4 增大防滑可靠性的措施

（1）增大包角 α。最常用的有 $\alpha = 180°$ 和 $\alpha = 190° \sim 195°$ 两种。对于 $\alpha = 180°$ 的形式，不必设导向轮，结构简单、维护方便，但是包角较小，且受到两提升钢丝绳中心距的限制。对于 $\alpha = 190° \sim 195°$ 的形式，包角较大，且可以改变钢丝绳中心距，但需要设导向轮，增加了井架高度，且钢丝绳有附加弯曲，降低使用寿命。从时变角度来看，如减小运动过程中包角的变化，可采用增大预紧力的方法。

（2）增加摩擦因数 f。可提高摩擦力，并且无附加缺点。摩擦因数与摩擦衬垫材料、钢丝绳断面形状等因素有关。从时变角度来看，应阻止摩擦因数偏移减小的趋势，也就是需要衬垫材料粗糙耐磨，摩擦位置保持合适的干燥度。从时变不确定性分析理论的角度，应当减小摩擦系数漂移率和波动率的数值。

（3）采用平衡锤单容器提升。平衡锤重力为容器自重加有益载荷的一半，故静张力差也约为双容器提升的一半，可增大防滑安全系数。

（4）按防滑条件增加容器自重，以增加摩擦轮轻载侧钢丝绳静张力。

（5）控制提升系统最大加速度，减少动负荷。

4.3　提升钢丝绳强度的时变不确定性分析

4.3.1　钢丝绳最大应力

仍以多绳摩擦系统为例，分析提升钢丝绳强度可靠性。重载加速提升时，上升侧钢丝绳受到的张力最大：

$$F_{sd} = mg + m_z g + n_1 m_p (H_j + H - x) g + n_2 m_q (x + H_h) g + \frac{\xi}{2} mg + \sum m_{s1} a_1$$

$$(4 - 65)$$

当导向轮在上升侧时：

$$\sum m_{s1} = m + m_z + n_1 m_p (H_j + H - x) + n_2 m_q (x + H_h) + m_d \qquad (4 - 66)$$

当导向轮在下放侧时：

$$\sum m_{s1} = m + m_z + n_1 m_p (H_j + H - x) + n_2 m_q (x + H_h) \qquad (4 - 67)$$

显然，导向轮在上升侧时，$\sum m_{s1}$ 的值更大，提升钢丝绳受到的动张力也就更大，因此对导向轮在上升侧进行分析。

对于等尾绳提升系统，$n_1 m_p = n_2 m_q$，F_{sd} 的值不随已提升高度 x 变化，取任意 x 值计算均可；对于重尾绳提升系统，$n_1 m_p < n_2 m_q$，随着 x 的增大，F_{sd} 增大，故时应取 x 的最大值计算，即 $x = \dfrac{v_m^2}{2 a_1}$；对于轻尾绳提升系统，$n_1 m_p > n_2 m_q$，随着 x 的增大，F_{sd} 减小，故应取 x 的最小值计算，即 $x = 0$。

令 $m_A = m_z + n_1 m_p (H_j + H - x) + n_2 m_q (x + H_h)$，则钢丝绳最大张力为：

$$F_{max} = m_A g + \left(1 + \frac{\xi}{2}\right) mg + (m_A + m_d + m) a_1 \qquad (4 - 68)$$

最大张力点位于提升钢丝绳与天轮相切处，则钢丝绳所受最大应力为：

$$\sigma = \frac{F_{max}}{A} = \frac{m_A g + \left(1 + \dfrac{\xi}{2}\right) mg + (m_A + m_d + m) a_1}{A} \qquad (4 - 69)$$

式中 A——提升钢丝绳所有钢丝断面积之和，m^2，满足关系：

$$A = \frac{m_p}{\rho} \qquad (4-70)$$

式中 ρ——钢丝绳密度，kg/m^3。

钢丝绳不发生断裂的条件是 $\sigma \leqslant [\sigma]$，即应力小于强度。

4.3.2 时变不确定性分析

基于时变不确定性分析理论，对钢丝绳强度进行分析。将提升钢丝绳看作一个系统，建立考虑时变因素的应力—强度动态干涉模型。系统状态函数为 $S_1 = \sigma$，系统许用函数为 $S_2 = [\sigma]$，系统的可靠度为：

$$R = P(S_1 < S_2) = P(\ln S_2 - \ln S_1 > 0) \qquad (4-71)$$

由于质量 m 的漂移率可视为零，故 S_1 的漂移函数和波动函数分别为：

$$
\begin{cases}
\mu_{S_1}(t) = \dfrac{\partial S_1}{\partial m}\mu_m(t) + \dfrac{\partial S_1}{\partial a_1}\mu_{a_1}(t) + \dfrac{\partial}{\partial m}\left(\dfrac{\partial S_1}{\partial a_1}\right)\sigma_m(t)\sigma_{a_1}(t) \\[3mm]
\qquad = \dfrac{1}{A}[m_A + m_d + m(t)]a_1(t)\lambda_{a_1} + \dfrac{1}{A}m(t)a_1(t)\delta_m\delta_{a_1} \\[3mm]
\sigma_{S_1}(t) = \dfrac{\partial S_1}{\partial m}\sigma_m(t) + \dfrac{\partial S_1}{\partial a_1}\sigma_{a_1}(t) \\[3mm]
\qquad = \dfrac{1}{A}\left[\left(1+\dfrac{\xi}{2}\right)g + a_1(t)\right]m(t)\delta_m + \dfrac{1}{A}[m_A + m_d + m(t)]a_1(t)\delta_{a_1}
\end{cases}
$$
$$\qquad (4-72)$$

S_1 的均值和方差分别为：

$$
\begin{cases}
E[S_1(t)] = S_1(0) + \displaystyle\int_0^t \mu_{S_1}(s)\,\mathrm{d}s \\[3mm]
\qquad = \dfrac{1}{A}\left[m_A + \left(1+\dfrac{\xi}{2}\right)m(0)\right]g + \dfrac{1}{A}[m_A + m_d + m(0)]a_1(0)\mathrm{e}^{\lambda_{a_1}t} \\[3mm]
\mathrm{var}[S_1(t)] = \displaystyle\int_0^t \sigma_{S_1}(s)\,\mathrm{d}w_s \\[3mm]
\qquad = \dfrac{1}{A^2}\left[\left(1+\dfrac{\xi}{2}\right)m(0)g\right]^2(\mathrm{e}^{\delta_m^2 t} - 1) + \dfrac{1}{A^2}[(m_A + m_d)a_1(0)\mathrm{e}^{\lambda_{a_1}t}]^2 \\[3mm]
\qquad (\mathrm{e}^{\delta_{a_1}^2 t} - 1) + \dfrac{1}{A^2}[m(0)a_1(0)\mathrm{e}^{\lambda_{a_1}t}]^2[\mathrm{e}^{(\delta_m^2 + \delta_{a_1}^2)t} - 1]
\end{cases}
$$

$$\qquad (4-73)$$

根据 3. 2. 4 节中式（3 – 39）可算出 $\ln S_1$ 的均值和方差。

$\ln S_2$ 本身服从正态分布，在 t 时刻，$\ln S_2(t)$ 服从均值为 $\ln S_2(0) +$
$\left(\lambda_{[\sigma]} - \dfrac{\delta_{[\sigma]}^2}{2} \right) t$，方差为 $\delta_{[\sigma]}^2 t$ 的正态分布。

综上，根据时变不确定性理论，系统可靠度为：

$$R(t) = \Phi\left[\frac{\hat{\mu}_{\ln S_2}(t) - \hat{\mu}_{\ln S_1}(t)}{\sqrt{\hat{\sigma}_{\ln S_2}^2(t) + \hat{\sigma}_{\ln S_1}^2(t)}} \right] \tag{4 – 74}$$

根据第 3 章中时变不确定性理论，在给出 t 时刻的可靠度 $R(t)$ 的情况下，可以反推出设计变量初始值应当满足的条件。

4.4   小结

本章基于时变不确定性分析理论，对多绳摩擦提升设备的动防滑能力与提升钢丝绳强度的时变不确定性分析进行了建模，推导了相应的时变不确定性计算公式。

影响多绳摩擦提升设备动防滑能力的参数中，提升质量与提升加速度均随时间变化，因此建立系统的状态函数和许用函数，为包含上述两参数的方程，系统安全的条件为：系统状态函数小于许用函数。系统状态函数和许用函数的漂移函数和波动函数，可由提升质量与加速度的波动率和漂移率表达，提升质量的漂移率在此可视为零。通过积分求得状态函数和许用函数的均值和方差，再利用系统漂移函数与波动函数关系不等式决定的概率计算，求出任意时刻系统可靠度。

根据第 3 章的时变不确定性寿命预测模型，在给出系统可靠度要求的前提下，可以计算出达到该可靠度的时刻，即获得基于时变不确定性分析的系统寿命。该方法还可通过时刻监测系统时变参数的变化，修正系统的漂移函数和波动函数，求出更趋近系统实际的可靠度，为多绳提升系统未来的变化趋势提供预警，并对其运行维护提供指导。

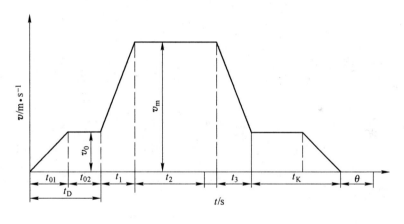

并无

5

斜井提升设备的时变不确定性分析

5.1 概述

斜井提升广泛应用于中小型矿井中,它具有前期投入少、建设速度快、地面布置简单等多项优点,但同时,其提升能力较弱、钢丝绳磨损快、井筒维护费高。斜井提升主要有三种形式:斜井串车提升、斜井箕斗提升和带式输送机提升。其中斜井串车提升应用更为广泛,故本章主要对斜井串车提升设备进行研究。斜井平车场提升速度图如图 5-1 所示。

图 5-1 斜井平车场提升速度图

5.2 斜井串车提升能力的时变不确定性分析

5.2.1 斜井提升运动学与动力学

5.2.1.1 提升运动学

以斜井平车场双钩串车提升设备为例,其一次提升循环时间为:

$$T = t_D + t_1 + t_2 + t_3 + t_K + \theta$$

式中　t_D——空（重）串车通过上（下）车场的时间，s；

t_1，t_2，t_3——重车在井筒中上提通过井口车场或空车下放的时间，s；

t_K——空（重）串车通过下（上）车场的时间，s；

θ——摘挂钩的时间，s。

重车在井底车场运行阶段：

$$t_D = t_{01} + t_{02} = \frac{v_0}{a_0} + \frac{L_D - \dfrac{v_0^2}{2a_0}}{v_0}$$

式中　v_0——车场内速度，m/s；

a_0——初始加速度，m/s²；

L_D——井底车场长度，m。

串车出车场后，加速阶段：

$$t_1 = \frac{v_m - v_0}{a_1}$$

式中　v_m——最大提升速度，m/s；

a_1——提升加速度，m/s。

减速阶段：

$$t_3 = \frac{v_m - v_0}{a_3}$$

式中　a_3——提升减速度，m/s。

匀速阶段：

$$t_2 = \frac{L - \dfrac{v_m^2 - v_0^2}{2a_1} - \dfrac{v_m^2 - v_0^2}{2a_3}}{v_m}$$

式中　L——井筒长度，m。

重车在上车场运行阶段：

$$t_k = \frac{v_0}{a_k} + \frac{L_k - \dfrac{v_0^2}{2a_k}}{v_0}$$

式中 a_k——重串车减速度，m/s^2；

$\quad\quad L_k$——上车场长度，m。

选用的提升加速度 a_1 大于自然加速度 a_{1z}，松绳速度大于运行速度，钢丝绳有拉断危险。自然加速度为：

$$a_{1z} = \frac{nm_{z1}g(\sin\beta - f_1\cos\beta)}{nm_{z1} + m_t'}$$

式中 n——矿车数；

$\quad\quad m_{z1}$——单个矿车自身质量，kg；

$\quad\quad \beta$——井筒倾角；

$\quad\quad f_1$——串车组运行阻力系数；

$\quad\quad m_t'$——天轮变位质量，kg。

选用的提升减速度 a_3 大于自然减速度 a_{3z}，钢丝绳运行速度小于容器上升速度，钢丝绳有拉断危险。自然减速度为：

$$a_{3z} = \frac{n(m_1 + m_{z1})g(\sin\beta + f_1\cos\beta)}{n(m_1 + m_{z1}) + m_t'}$$

式中 m_1——每辆矿车载货质量，kg。

5.2.1.2 提升动力学

重车提升 x 米时，提升钢丝绳静张力为：

$$F_{js} = n(m_1 + m_{z1})g(\sin\beta_i + f_1\cos\beta_i) + m_p g(\sin\beta_i + f_2\cos\beta_i)(L - x)$$

式中 β_i——容器及钢丝绳运行至某处的倾角，（°）；

$\quad\quad m_p$——提升钢绳绳单位长度质量，kg/m；

$\quad\quad f_2$——钢丝绳摩擦阻力系数。

此时，下放钢丝绳的静张力为：

$$F_{jx} = nm_{z1}g(\sin\beta_i - f_1\cos\beta_i) + m_p g(\sin\beta_i - f_2\cos\beta_i)x$$

双钩提升时两钢丝绳作用在滚筒上的静拉力差即为静阻力，为：

$$\begin{aligned}
F_j &= F_{js} - F_{jx} \\
&= n(m_1 + m_{z1})g(\sin\beta_i + f_1\cos\beta_i) + m_p g(\sin\beta_i + f_2\cos\beta_i)(L - x) - \\
&\quad nm_{z1}g(\sin\beta_i - f_1\cos\beta_i) - m_p g(\sin\beta_i - f_2\cos\beta_i)x
\end{aligned}$$

斜井提升基本动力学方程为:

$$F = n(km_1 + m_{z1})g(\sin\beta_i + f_1\cos\beta_i) + m_pg(\sin\beta_i + f_2\cos\beta_i)(L-x) -$$
$$nm_{z1}g(\sin\beta_i - f_1\cos\beta_i) - m_pg(\sin\beta_i - f_2\cos\beta_i)x + \sum ma$$

式中　k——斜井提升矿井阻力系数,取 $k = 1.1$。

又有:

$$\sum m = nm_1 + 2nm_{z1} + 2m_pL_p + 2m_t' + m_j + m_d$$

式中　L_p——钢丝绳总长度,m;

　　　m_j——提升机变位质量,kg;

　　　m_d——电机转子变位质量,kg。

5.2.2　提升能力时变不确定性分析

斜井提升设备年提升能力的计算式为:

$$Q = \frac{3600b_r tnm_1}{cT} = A\frac{m_1}{T}$$

式中　b_r——年工作日数;

　　　t——日提升小时数;

　　　c——提升不均匀系数。

假设矿井的年生产能力为 $[Q]$,则提升设备的提升能力应满足条件为 $Q \geqslant [Q]$。基于时变不确定性分析理论,系统状态函数为 $S_1 = Q$,系统许用函数为 $S_2 = [Q]$,系统可靠性为:

$$R = P\{S_1 \geqslant S_2\} = P\{\ln S_1 - \ln S_2 \geqslant 0\}$$

系统状态函数方程中,受时间影响的参数有单个矿车载质量 m_1 和提升循环时间 T。两参数的漂移率均可视为零,故系统状态函数的漂移函数和波动函数为:

$$\begin{cases} \mu_{S_1}(t) = \dfrac{1}{2}\dfrac{\partial^2 S_1}{\partial T^2}\sigma_T^2(t) + \dfrac{\partial}{\partial T}\left(\dfrac{\partial S_1}{\partial m_1}\right)\sigma_{m_1}(t)\sigma_T(t) = A\dfrac{m_1(t)}{T(t)} \cdot (\delta_T^2 - \delta_{m_1}\delta_T) \\[4mm] \sigma_{S_1}(t) = \dfrac{\partial S_1}{\partial m_1}\sigma_{m_1}(t) + \dfrac{\partial S_1}{\partial T}\sigma_T(t) = A\dfrac{m_1(t)}{T(t)} \cdot (\delta_{m_1} - \delta_T) \end{cases}$$

即 S_1 也服从几何布朗运动，且：

$$\begin{cases} \lambda_{S_1} = \delta_T^2 - \delta_{m_1}\delta_T \\ \delta_{S_1} = \delta_{m_1} - \delta_T \end{cases}$$

根据第 3 章对于几何布朗运动的叙述，$\ln S_1(t)$ 服从均值为 $\ln S_1(0) + \left(\lambda_{S_1} - \dfrac{\delta_{S_1}^2}{2}\right)t$，方差为 $\delta_{S_1}^2 t$ 的正态分布。

对于系统许用函数，也可将其视作几何布朗运动，则 $\ln S_2(t)$ 服从均值为 $\ln S_2(0) + \left(\lambda_{S_2} - \dfrac{\delta_{S_2}^2}{2}\right)t$，方差为 $\delta_{S_2}^2 t$ 的正态分布。

综上，提升能力满足要求的可靠度为：

$$R(t) = \Phi\left[\frac{\hat{\mu}_{\ln S_1}(t) - \hat{\mu}_{\ln S_2}(t)}{\sqrt{\hat{\sigma}_{\ln S_1}^2(t) + \hat{\sigma}_{\ln S_2}^2(t)}}\right]$$

5.3　斜井提升钢丝绳的时变不确定性分析

当刚开始加速提升，即 $x = 0$ 时，提升钢丝绳受到的张力最大，其大小为：

$$\begin{aligned} F &= n(m_1 + m_{z1})g(\sin\beta_i + f_1\cos\beta_i) + m_p g(\sin\beta_i + f_2\cos\beta_i)L + \sum ma_1 \\ &= (nm_{z1}g\sin\beta_i + m_p Lg\sin\beta_i) + nm_1 g(\sin\beta_i + f_1\cos\beta_i) + nm_{z1}gf_1\cos\beta_i + \\ &\quad m_p Lgf_2\cos\beta_i + [nm_1 + (2nm_{z1} + 2m_p L_p + 2m_t' + m_j + m_d)]a_1 \\ &= A + nm_1 g(\sin\beta_i + f_1\cos\beta_i) + nm_{z1}gf_1\cos\beta_i + m_p Lgf_2\cos\beta_i + (nm_1 + B)a_1 \end{aligned}$$

提升钢丝绳存在一个许用最大张力值 $[F]$。故系统状态函数为：$S_1 = F$，系统许用函数为：$S_2 = [F]$。系统可靠性为：

$$R = P\{S_1 \leqslant S_2\} = P\{\ln S_2 - \ln S_1 \geqslant 0\}$$

系统状态函数方程中，受时间影响的参数有单个矿车载质量 m_1、串车组运行阻力系数 f_1、钢丝绳摩擦阻力系数 f_2 和主加速度 a_1。其中 m_1 和 a_1 的漂移率可视为零。系统状态函数的漂移函数和波动函数为：

$$\begin{cases} \mu_{S_1}(t) = \dfrac{\partial S_1}{\partial f_1}\mu_{f_1}(t) + \dfrac{\partial S_1}{\partial f_2}\mu_{f_2}(t) + \dfrac{\partial}{\partial m_1}\left(\dfrac{\partial S_1}{\partial a_1}\right)\sigma_{m_1}(t)\sigma_{a_1}(t) + \dfrac{\partial}{\partial m_1}\left(\dfrac{\partial S_1}{\partial f_1}\right)\sigma_{m_1}(t)\sigma_{f_1}(t) \\ \sigma_{S_1}(t) = \dfrac{\partial S_1}{\partial m_1}\sigma_{m_1}(t) + \dfrac{\partial S_1}{\partial a_1}\sigma_{a_1}(t) + \dfrac{\partial S_1}{\partial f_1}\sigma_{f_1}(t) + \dfrac{\partial S_1}{\partial f_2}\sigma_{f_2}(t) \end{cases}$$

化简得：

$$\begin{cases} \mu_{S_1}(t) = n[m_1(t) + m_{z1}]g\cos\beta_i f_1(t) \cdot \lambda_{f_1}(t) + m_p Lg\cos\beta_i f_2(t) \cdot \lambda_{f_2}(t) + \\ \qquad nm_1(t)a_1(t) \cdot \delta_{m_1}(t)\delta_{a_1}(t) + nm_1(t)g\cos\beta_i f_1(t) \cdot \delta_{m_1}(t)\delta_{f_1}(t) \\ \sigma_{S_1}(t) = nm_1(t)\{g[\sin\beta_i + f_1(t)\cos\beta_i] + a_1(t)\}\delta_{m_1}(t) + nm_1(t)a_1(t) \cdot \\ \qquad \delta_{a_1}(t) + n[m_1(t) + m_{z1}]g\cos\beta_i f_1(t) \cdot \delta_{f_1}(t) + m_p Lg\cos\beta_i f_2(t) \cdot \delta_{f_2}(t) \end{cases}$$

S_1 的均值和方差分别为：

$$\begin{cases} E[S_1(t)] = A + nm_1(0)g[\sin\beta_i + f_1(0) \cdot e^{\lambda_{f_1}t}\cos\beta_i] + nm_{z1}gf_1(0) \cdot e^{\lambda_{f_1}t}\cos\beta_i + \\ \qquad m_p Lgf_2(0) \cdot e^{\lambda_{f_2}t}\cos\beta_i + [nm_1(0) + B]a_1(0) \\ \mathrm{var}[S_1(t)] = [nm_1(0)g\sin\beta_i]^2(e^{\delta_{m_1}^2 t} - 1) + [nm_1(0)gf_1(0) \cdot e^{\lambda_{f_1}t}\cos\beta_i]^2 \\ \qquad [e^{(\delta_{m_1}^2 + \delta_{f_1}^2)t} - 1] + [nm_{z1}gf_1(0) \cdot e^{\lambda_{f_1}t}\cos\beta_i]^2(e^{\delta_{f_1}^2 t} - 1) + \\ \qquad [Ba_1(0)]^2(e^{\delta_{a_1}^2 t} - 1) + [nm_1(0)a_1(0)]^2[e^{(\delta_{m_1}^2 + \delta_{a_1}^2)t} - 1] \end{cases}$$

根据 3.2.4 节中式（3-39）可算出 $\ln S_1$ 的均值和方差。

对于系统许用函数，也可将其视作几何布朗运动，则 $\ln S_2(t)$ 服从均值为 $\ln S_2(0) + \left(\lambda_{S_2} - \dfrac{\delta_{S_2}^2}{2}\right)t$，方差为 $\delta_{S_2}^2 t$ 的正态分布。

综上，提升钢丝绳满足强度要求的可靠度为：

$$R(t) = \Phi\left[\frac{\hat{\mu}_{\ln S_1}(t) - \hat{\mu}_{\ln S_2}(t)}{\sqrt{\hat{\sigma}_{\ln S_1}^2(t) + \hat{\sigma}_{\ln S_2}^2(t)}}\right]$$

5.4　斜井提升机的时变不确定性分析

根据斜井双钩串车提升设备钢丝绳的最大静张力差，选择合适的斜井提升机。因此实际的最大静张力差应当不大于提升机所允许的最大静张力差。最大静张力差为：

$$\begin{aligned} F_j &= n(m_1 + m_{z1})g(\sin\beta + f_1\cos\beta) + m_p gL(\sin\beta + f_2\cos\beta) - \\ &\quad nm_{z1}g(\sin\beta - f_1\cos\beta) \\ &= nm_1 g(\sin\beta + f_1\cos\beta) + 2nm_{z1}gf_1\cos\beta + m_p gL(\sin\beta + f_2\cos\beta) \end{aligned}$$

系统状态函数为：$S_1 = F_j$，系统许用函数为：$S_2 = [F_j]$。系统可靠性为：

$$R = P\{S_1 \leqslant S_2\} = P\{\ln S_2 - \ln S_1 \geqslant 0\}$$

系统状态函数方程中，受时间影响的参数有单个矿车载质量 m_1、串车组运行阻力系数 f_1、钢丝绳摩擦阻力系数 f_2。其中 m_1 的漂移率可视为零。系统状态函数的漂移函数和波动函数为：

$$\begin{cases} \mu_{S_1}(t) = \dfrac{\partial S_1}{\partial f_1}\mu_{f_1}(t) + \dfrac{\partial S_1}{\partial f_2}\mu_{f_2}(t) + \dfrac{\partial}{\partial m_1}\left(\dfrac{\partial S_1}{\partial f_1}\right)\sigma_{m_1}(t)\sigma_{f_1}(t) \\[3mm] \sigma_{S_1}(t) = \dfrac{\partial S_1}{\partial m_1}\sigma_{m_1}(t) + \dfrac{\partial S_1}{\partial f_1}\sigma_{f_1}(t) + \dfrac{\partial S_1}{\partial f_2}\sigma_{f_2}(t) \end{cases}$$

化简得：

$$\begin{cases} \mu_{S_1}(t) = n[m_1(t) + 2m_{z1}]gf_1(t)\cos\beta \cdot \lambda_{f_1}(t) + m_p gLf_2(t)\cos\beta \cdot \lambda_{f_2}(t) + \\ \qquad\qquad nm_1(t)f_1(t)\cos\beta \cdot \delta_{m_1}(t)\delta_{f_1}(t) \\[2mm] \sigma_{S_1}(t) = nm_1(t)g[\sin\beta + f_1(t)\cos\beta] \cdot \delta_{m_1}(t) + n[m_1(t) + 2m_{z1}]gf_1(t)\cos\beta \cdot \\ \qquad\qquad \delta_{f_1}(t) + m_p gLf_2(t)\cos\beta \cdot \delta_{f_2}(t) \end{cases}$$

S_1 的均值和方差分别为：

$$\begin{cases} E[S_1(t)] = nm_1(0)g[\sin\beta + f_1(0) \cdot e^{\lambda_{f_1}t}\cos\beta] + 2nm_{z1}gf_1(0) \cdot e^{\lambda_{f_1}t}\cos\beta + \\ \qquad\qquad m_p gL[\sin\beta + f_2(0) \cdot e^{\lambda_{f_2}t}\cos\beta] \\[2mm] \mathrm{var}[S_1(t)] = [nm_1(0)g\sin\beta]^2(e^{\delta_{m_1}^2 t} - 1) + [nm_1(0)gf_1(0) \cdot e^{\lambda_{f_1}t}\cos\beta]^2 \\ \qquad\qquad [e^{(\delta_{m_1}^2 + \delta_{f_1}^2)t} - 1] + [2nm_{z1}gf_1(0) \cdot e^{\lambda_{f_1}t}\cos\beta]^2(e^{\delta_{f_1}^2 t} - 1) + \\ \qquad\qquad [m_p gLf_2(0) \cdot e^{\lambda_{f_2}t}\cos\beta]^2(e^{\delta_{f_2}^2 t} - 1) \end{cases}$$

对于系统许用函数，也可将其视作几何布朗运动，则 $\ln S_2(t)$ 服从均值为 $\ln S_2(0) + \left(\lambda_{S_2} - \dfrac{\delta_{S_2}^2}{2}\right)t$，方差为 $\delta_{S_2}^2 t$ 的正态分布。

综上，斜井提升机满足要求的可靠度为：

$$R(t) = \Phi\left[\frac{\hat{\mu}_{\ln S_1}(t) - \hat{\mu}_{\ln S_2}(t)}{\sqrt{\hat{\sigma}_{\ln S_1}^2(t) + \hat{\sigma}_{\ln S_2}^2(t)}}\right]$$

5.5 小结

本章基于时变不确定性分析模型，对斜井提升设备的提升能力、提升钢丝绳强度要求和提升机安全要求，建立了时变可靠度的计算方法。

影响提升能力的参数中，单个矿车载质量 m_1 和提升循环时间 T 随时间变化，它们的漂移率均为零。系统安全条件为系统状态函数大于许用函数。系统状态函数的均值和方差取决于 m_1 和 T 的波动率，许用函数自身服从几何布朗运动。因此利用关系不等式决定的概率计算，可求出任意时刻系统可靠度。

影响强度的参数中，单个矿车载质量 m_1、串车组运行阻力系数 f_1、钢丝绳摩擦阻力系数 f_2 和主加速度 a_1 随时间变化，其中 m_1 和 a_1 的漂移率可视为零。系统安全条件为系统状态函数小于许用函数。系统状态函数的均值和方差可有上述参数的漂移率和波动率表达，许用函数服从几何布朗运动，利用关系不等式决定的概率计算，求出任意时刻系统可靠度。

同理可求得斜井提升机的可靠度，只是其不受主加速度 a_1 的影响。

6

刮板输送机的时变不确定性分析

6.1 概述

刮板输送机是目前长壁采煤工作面唯一的运输设备。不同类型的刮板输送机其各组成部件的形式的布置方式不尽相同，但组成部件和主要结构基本相同。

刮板运输机的工作原理是：由绕过机头链轮和机尾链轮的无极循环的刮板链子作为牵引机构，以溜槽作为承载机构，电动机经液力耦合器、减速器带动链轮旋转，从而带动刮板链子连续运转，将装在溜槽中的货载从机尾运到机头处卸载转运。

国内外现行生产和使用的刮板运输机类型很多，常用的分类方式有：

（1）按机头卸载方式和结构分为端卸式、侧卸式和90°转弯刮板输送机。

（2）按溜槽布置方式和结构分为重叠式和并列式、敞底式与封底式。

（3）按刮板链的数目和布置方式分为单中链、边双链和中双链。

（4）按单电动机的额定功率大小分为轻型（$P \leqslant 40\text{kW}$）、中型（$40\text{kW} < P \leqslant 90\text{kW}$）和重型（$P > 90\text{kW}$）。

刮板输送机的结构强度高，运输能力强，可用于爆破工作面；机身高度低，可在全长任意位置装载；机身长短变化方便，机身可弯曲，便于推移；铲煤板可以清扫机道；可作为采矿机的轨道和推移液压支架的支点。刮板输送机的这些优点使它成为长壁采煤工作面最为可靠的运输设备。

6.2 输送能力的时变不确定性分析

6.2.1 传统计算方法

刮板输送机的输送能力是指输送机每小时运送货载的质量，它取决于输送机每米长度上货载的质量和链速。如图6-1所示，刮板输送机重载段每单位长度货载质量为 q（单位为 kg/m），刮板链以速度 v（单位为 m/s）沿箭头方向运行，故刮板输送机每小时的运输能力（单位为 t/h）为：

$$m = \frac{3600qv}{1000} = 3.6A\rho v \tag{6-1}$$

式中　A——溜槽断面积，m^2；

　　　ρ——物料散碎密度，kg/m^3，对于煤，$\rho = 830 \sim 1000 kg/m^3$。

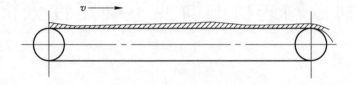

图 6 - 1　运输能力示意图

　　由于刮板链占据一定空间和运输角度，故货载实际断面积小于溜槽断面积 A，在计算中引入装满系数 ψ，其值见表 6 - 1，则：

$$m = 3.6\psi A\rho v \tag{6-2}$$

输送机的输送能力需满足：

$$m \geqslant Q_s$$

式中　Q_s——工作面运输生产率，t/h，对于机采工作面，等于采煤机生产能力。

表 6 - 1　装满系数值

输送情况	水平及向下运输	向上运输		
		5°	10°	15°
装满系数	0.9 ~ 1	0.8	0.6	0.5

6.2.2　时变不确定性分析

　　基于时变不确定性理论，计算刮板输送机随时间波动的运输能力。式 (6-2) 中，装满系数 ψ 和溜槽断面积 A 可视作不随时间变化的量，物料散碎密度 ρ 只有波动性，刮板链速 v 既有漂移也有波动，则根据时变可靠性计算模型，有：

$$\begin{cases} \mu_m = \dfrac{\partial m}{\partial \rho}\mu_\rho + \dfrac{\partial m}{\partial v}\mu_v + \dfrac{1}{2}\left(\dfrac{\partial}{\partial \rho}\sigma_\rho + \dfrac{\partial}{\partial v}\sigma_v\right)^2 m = 3.6\psi A(v\mu_\rho + \rho\mu_v + \sigma_\rho\sigma_v) \\ \sigma_m = \dfrac{\partial m}{\partial \rho}\sigma_\rho + \dfrac{\partial m}{\partial v}\sigma_v = 3.6\psi A(v\sigma_\rho + \rho\sigma_v) \end{cases} \tag{6-3}$$

假设 ρ 与 v 均服从几何布朗运动，则上式可化为：

$$\begin{cases} \mu_m = 3.6\psi A\rho v(\lambda_\rho + \lambda_v + \delta_\rho\delta_v) = (\lambda_v + \delta_\rho\delta_v) \cdot m(t) \\ \sigma_m = 3.6\psi A\rho v(\delta_\rho + \delta_v) = (\delta_\rho + \delta_v) \cdot m(t) \end{cases} \tag{6-4}$$

式中 λ_ρ——ρ 的漂移率，$\lambda_\rho = 0$；

$\quad\quad \lambda_v$——v 的漂移率；

$\quad \delta_\rho$，δ_v——分别为 ρ 和 v 的波动率。

上述各参数均为定值，通过分析数据获得。

由式（6-3）可知，m 也服从几何布朗运动，且：

$$\begin{cases} \lambda_m = \lambda_v + \delta_\rho\delta_v \\ \delta_m = \delta_\rho + \delta_v \end{cases} \tag{6-5}$$

根据第 2 章对于维纳过程的叙述，对于 m 的对数：

$$\mathrm{d}(\ln m) = \left(\lambda_m - \dfrac{\delta_m^2}{2}\right)\mathrm{d}t + \delta_m^2\mathrm{d}\omega_t \tag{6-6}$$

则在 t 时刻，$\ln m(t)$ 服从均值为 $\ln m(0) + \left(\lambda_m - \dfrac{\delta_m^2}{2}\right)t$，方差为 $\delta_m^2 t$ 的正态分布。

工作面运输生产率 Q_s 也是一个随时间变化的值，现假设其服从几何布朗运动，则在 t 时刻，$\ln Q_s(t)$ 服从均值为 $\ln Q_s(0) + \left(\lambda_{Q_s} - \dfrac{\delta_{Q_s}^2}{2}\right)t$，方差为 $\delta_{Q_s}^2 t$ 的正态分布。在 t 时刻刮板输送机输送能力满足要求的概率为：

$$\begin{aligned} R(t) &= \Phi\left[\dfrac{\hat{\mu}_{\ln Q_s}(t) - \hat{\mu}_{\ln m}(t)}{\sqrt{\hat{\sigma}_{\ln Q_s}^2(t) + \hat{\sigma}_{\ln m}^2(t)}}\right] \\ &= \Phi\left\{\dfrac{\left[\ln Q_s(0) + \left(\lambda_{Q_s} - \dfrac{\delta_{Q_s}^2}{2}\right)t\right] - \left[\ln m(0) + \left(\lambda_m - \dfrac{\delta_m^2}{2}\right)t\right]}{\sqrt{(\delta_{Q_s}^2 + \delta_m^2)t}}\right\} \end{aligned} \tag{6-7}$$

6.3   刮板链强度的时变不确定性分析

6.3.1   运行阻力

刮板运输机的运行阻力包括直线段运行阻力和曲线段运行阻力。直线段运行阻力是指货载与刮板链在溜槽中运行时的阻力以及倾斜运输时货载与刮板链的自重沿斜面的分力。曲线段阻力是指刮板链绕过机头和机尾时的弯曲附加阻力和轴承阻力，以及水平弯曲时刮板链在弯曲溜槽中运行产生的附加阻力。

直线段运行阻力分为重段阻力 W_z 和空段阻力 W_k，如图 6 - 2 所示。则：

$$W_z = (q\omega + q_1\omega_1)gL\cos\beta \pm (q + q_1)gL\sin\beta$$
$$W_k = q_1Lg\omega_1\cos\beta \mp q_1Lg\sin\beta \tag{6-8}$$

式中　q——每米长度货载质量，kg/m；

　　　q_1——刮板链每米质量，kg/m；

　　　L——输送机长度，m；

　　　β——输送机倾角，m；

　　　ω——货载在溜槽内的阻力系数，见表 6 - 2；

　　　ω_1——刮板链在溜槽内的阻力系数，见表 6 - 2；

　　　±——向上运行取正，向下运行取负，重段与空段符号相反。

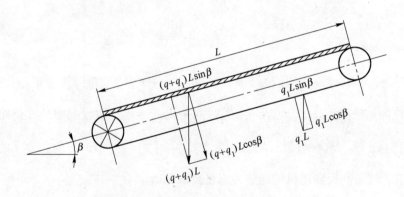

图 6 - 2   刮板输送机运行阻力计算图

表 6 - 2   货载与刮板链在溜槽中的阻力系数

阻力系数	ω	ω_1
单　链	0.4 ~ 0.6	0.3 ~ 0.4
双　链	0.6 ~ 0.8	0.3 ~ 0.4

曲线段运行阻力一般按重段阻力和空段阻力之和的10%计算。

6.3.2 刮板链强度

要计算刮板链的强度，需要算出链条最大张力点的张力值。刮板链各点张力，是指刮板链在各种运输阻力作用下，在个特殊点（转折点）上所受到的拉力。最大张力的计算与传动布置密切相关。各点张力计算如图6-3所示。

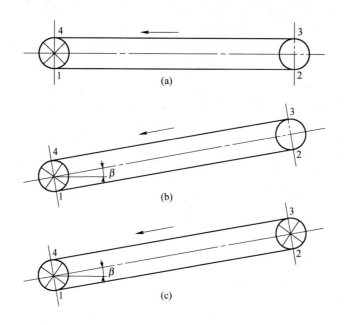

图6-3　各点张力计算图

各点张力的计算采用"逐点计算法"，自传动机构分离点开始，按运动方向将牵引机构上选定的计算点依次编号，其中某一点的张力等于它前一点的张力与此两点间运行阻力之和，即：

$$F_i = F_{i-1} + W_{(i-1) \sim i} \tag{6-9}$$

在计算各点张力时，应从最小张力点开始依次计算，故确定此点位置至关重要。

水平运输时，最小张力点一定在主动链轮的分离点，即1点处张力最小。

传动装置一端布置的倾斜向下运输时，根据"逐点计算法"，当 $W_k > 0$ 时，主动链轮分离点（即1点）为最小张力点；当 $W_k < 0$ 时，从动轮相遇点（即2点）为最小张力点。

传动装置两端布置的倾斜向下运输，分离点 1 和 3 为最小张力点。假设 1 点处电机牵引力为 W_A，3 点处电机牵引力为 W_B，根据"逐点计算法"：当 $W_B > W_k$ 时，3 点为最小张力点；当 $W_B < W_k$ 时，1 点为最小张力点。

最小张力 F_{min} 由拉紧装置提供，根据"逐点计算法"算出各点张力后比较，得最大张力 F_{max}。

要保证刮板链的强度满足要求，需满足 $F_{max} \leqslant n\lambda F_p = [F]$，其中 n 为链条数；λ 为链条间载荷分配不均匀系数，单链 $\lambda = 1$，双链 $\lambda = 0.85$；F_p 为一条刮板链的破断力。则刮板链的可靠度为：

$$R = P([F] - F_{max} > 0) \tag{6-10}$$

将链条最大张力 F_{max} 视作几何布朗运动，则在 t 时刻，$\ln[F_{max}(t)]$ 服从均值为 $\ln[F_{max}(0)] + \left(\lambda_{F_{max}} - \dfrac{\delta_{F_{max}}^2}{2} \right)t$，方差为 $\delta_{F_{max}}^2 t$ 的正态分布。

将 $[F] = n\lambda F_p$ 视作系统特征函数，n 与 λ 均为定值，F_p 服从几何布朗运动，则 $[F]$ 也服从几何布朗运动，且在 t 时刻，$\ln([F](t))$ 服从均值为 $\ln([F](0)) + \left(\lambda_{F_p} - \dfrac{\delta_{F_p}^2}{2} \right)t$，方差为 $\delta_{F_p}^2 t$ 的正态分布。

综上，在 t 时刻刮板链的可靠度为：

$$\begin{aligned}
R(t) &= \Phi\left[\frac{\hat{\mu}_{\ln[F]}(t) - \hat{\mu}_{\ln F_{max}}(t)}{\sqrt{\hat{\sigma}_{\ln[F]}^2(t) + \hat{\sigma}_{\ln F_{max}}^2(t)}} \right] \\
&= \Phi\left\{ \frac{\left[\ln(n\lambda F_p(0)) + \left(\lambda_{F_p} - \dfrac{\delta_{F_p}^2}{2} \right)t \right] - \left[\ln(F_{max}(0)) + \left(\lambda_{F_{max}} - \dfrac{\delta_{F_{max}}^2}{2} \right)t \right]}{\sqrt{(\delta_{F_p}^2 + \delta_{F_{max}}^2)t}} \right\}
\end{aligned} \tag{6-11}$$

6.4 小结

本章基于时变不确定性分析理论，对刮板运输机的运输能力和刮板链强度建立时变可靠度的计算模型。

影响刮板运输机的运输能力的参数中，物料散碎密度和刮板链速度受时间影响。因此，建立系统状态函数，即输送机每小时运送货载的质量，系统许用函数为工作面生产率，在此系统状态函数应大于许用函数。系统状态函数的漂移函数和波动函数可由物料散碎密度的波动率以及刮板链速度的漂移率和波动率表达，对其积分求得任一时刻系统状态函数的均值和方差。系统函数服从对数正态分布。系统许用函数服从几何布朗运动，可直接求解其对数的均值与方差。利用系统漂移函数与波动函数关系不等式决定的概率计算，求出任意时刻系统可靠度。

对于刮板链强度，其系统状态函数是链条最大张力，系统许用函数是许用张力。系统状态函数和许用函数均服从几何布朗运动，其对数的均值和方差可直接通过漂移率和波动率求得。

7

带式输送机的时变不确定性分析

7.1 概述

胶带输送机是以胶带作为牵引机构和承载机构的一种连续动作式运输设备，广泛应用于矿井地面和井下运输。胶带绕经主动滚筒和机尾换向滚筒，形成一个无极环形带。工作时，电机传递转矩给主动滚筒，通过主动滚筒与胶带间的摩擦力带动胶带及其货载，当胶带绕经端部卸载滚筒时卸载。胶带输送机上胶带称为重段胶带，由槽形托辊支撑；下胶带称为空段胶带，由平行托辊支撑。拉紧装置为胶带正常运转提供合适的张紧力。

胶带输送机适用于水平和倾斜运输，倾斜运输时倾角的大小取决于物料的附着性和黏结性。胶带输送机具有运输能力强，工作阻力小，耗电量低，磨损小，工作噪声低，可铺设长度长，结构简单等优点。但是胶带输送机的胶带成本高，初期投资大，且强度低，易损坏，不能承受较大冲击和磨损，同时胶带输送机机身高，因此需要专门的装载设备，也难以用于弯曲巷道。

按照使用范围和特征的不同，胶带输送机的主要类型有：

（1）普通胶带输送机，用于运输距离较短的永久使用地点；

（2）绳架吊挂式胶带输送机，用于井下采区顺槽和集中运输巷中的运输；

（3）可伸缩胶带输送机，用于采矿工作面顺槽中的运输；

（4）钢丝绳芯胶带输送机，用于长距离、大运量的运输；

（5）钢丝绳牵引胶带输送机，一种特殊形式的钢丝绳芯胶带输送机。

7.2 运行阻力与胶带张力

7.2.1 运行阻力计算

直线段运行阻力为：

重载段：
$$W_z = (q + q_1 + q_2) gL\omega_1 \cos\beta \pm (q + q_1) gL\sin\beta \qquad (7-1)$$

空载段：

$$W_k = (q_1 + q_2') gL\omega_2\cos\beta \mp q_1 Lg\sin\beta \qquad (7-2)$$

式中　q——胶带上每米货载质量，kg/m；

　　　q_1——胶带每米质量，kg/m，查表可得；

　q_2，q_2'——上、下托辊转动部分的等效质量，kg/m；

　　　L——输送机长度，m；

ω_1，ω_2——槽形、平形托辊阻力系数，查表可得；

　　　β——输送机倾角；

　　　$\pm$——上行取正，下行取负。

曲线段运行阻力包括胶带绕行刚性阻力和滚筒摩擦阻力。绕经从动滚筒的阻力为：

$$W_1 = k_1 F_y' \qquad (7-3)$$

式中　k_1——系数，取 0.03～0.07；

　　　F_y'——胶带在从动滚筒上相遇点的张力，N。

胶带绕经传动滚筒时的阻力为：

$$W_2 = k_2(F_y + F_1) \qquad (7-4)$$

式中　k_2——系数，取 0.03～0.05；

　　　F_y——胶带在传动滚筒上相遇点的张力。

7.2.2 胶带张力计算

传动滚筒与胶带之间的摩擦力就是使胶带运行的牵引力。如图 7-1 所示，此时胶带设计倾角 $\beta = 0$，胶带在传动滚筒相遇点 4 的张力为 F_4，在分离点 1 的张力为 F_1，点 1 和点 4 间的摩擦力，即有效拉力为 F_e。其中 F_1 的大小取决于胶带预紧力，当胶带预紧力一定时，F_1 为定值。上述三力满足关系式：

$$F_e = F_4 - F_1 \qquad (7-5)$$

根据逐点计算法，可得：

$$\begin{cases} F_2 = F_1 + W_k \\ F_3 = F_2 + W_1 = (1 + k_1)F_2 \\ F_4 = F_3 + W_z \end{cases} \qquad (7-6)$$

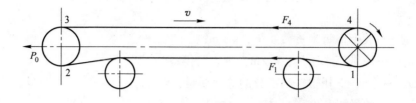

图 7 − 1 胶带输送机传动原理

又根据式（7 −5）可知：

$$F_4 = F_1 + F_e \qquad (7 - 7)$$

联立式（7 −6）和式（7 −7）求解可得：

$$\begin{cases} F_4 = (1 + k_1)(F_1 + W_k) + W_z \\ F_e = k_1 F_1 + (1 + k_1) W_k + W_z \end{cases} \qquad (7 - 8)$$

7.3 胶带防滑的时变不确定性分析

随着输送机负载增加，图 7 −1 中的 F_4 也随之增加。当负载过大时，张力 F_1 和 F_4 之差可能大于传动滚筒与胶带之间的极限摩擦力，滚筒和输送带之间就会打滑，传动不能实现。根据挠性体摩擦传动的欧拉公式，为防止输送带在主动滚筒上打滑，保证带式输送机正常运转，需满足：

$$F_1 < F_4 < F_1 e^{f\alpha}$$

式中 f——胶带与传动滚筒间的摩擦系数；

α——胶带在传动滚筒上的包角。

将式（7 −8）代入可得：

$$[e^{f\alpha} - (1 + k_1)] F_1 > (1 + k_1) W_k + W_z \qquad (7 - 9)$$

基于时变不确定性理论，现假设系统状态函数为 $S_1 = [e^{f\alpha} - (1 + k_1)] F_1$，系统许用函数为 $S_2 = (1 + k_1) W_k + W_z$，则胶带不发生滑动的可靠度为：

$$R = P(S_1 - S_2 > 0) = P(\ln S_1 - \ln S_2 > 0) \qquad (7 - 10)$$

S_1 只包含一个时变参数，即张力 F_1（单位为 N），其他参数为定值。则系统漂移函数和波动函数为：

$$\begin{cases} \mu_{S_1} = \dfrac{\mathrm{d}S_1}{\mathrm{d}F_1}\mu_{F_1} + \dfrac{\mathrm{d}^2 S_1}{\mathrm{d}F_1^2}\sigma_{F_1} = [\,e^{f\alpha} - (1 + k_1)\,]\mu_{F_1} \\[3mm] \sigma_{S_1} = \dfrac{\mathrm{d}S_1}{\mathrm{d}F_1}\sigma_{F_1} = [\,e^{f\alpha} - (1 + k_1)\,]\sigma_{F_1} \end{cases} \tag{7-11}$$

时变参数 F_1 服从几何布朗运动，即：

$$\begin{cases} \mu_{F_1}(t) = \lambda_{F_1} \cdot F_1(t) \\[2mm] \sigma_{F_1}(t) = \delta_{F_1} \cdot F_1(t) \end{cases}$$

式中 λ_{F_1}，δ_{F_1}——分别为 F_1 的漂移率和波动率。

代入式（7-11）中，得：

$$\begin{cases} \mu_{S_1}(t) = [\,e^{f\alpha} - (1 + k_1)\,]\lambda_{F_1} \cdot F_1(t) \\[2mm] \sigma_{S_1}(t) = [\,e^{f\alpha} - (1 + k_1)\,]\delta_{F_1} \cdot F_1(t) \end{cases} \tag{7-12}$$

则 S_1 也服从几何布朗运动，且：

$$\begin{cases} \lambda_{S_1} = [\,e^{f\alpha} - (1 + k_1)\,]\lambda_{F_1} \\[2mm] \delta_{S_1} = [\,e^{f\alpha} - (1 + k_1)\,]\delta_{F_1} \end{cases} \tag{7-13}$$

$\ln S_1(t)$ 服从均值为 $\ln S_1(0) + \left(\lambda_{S_1} - \dfrac{\delta_{S_1}^2}{2}\right)t$，方差为 $\delta_{S_1}^2 t$ 的正态分布。

S_2 只包含一个时变参数，即货载单位长度质量 q（单位为 kg/m），其他参数为定值。则系统漂移函数和波动函数为：

$$\begin{cases} \mu_{S_2} = \dfrac{\mathrm{d}S_2}{\mathrm{d}W_z}\dfrac{\mathrm{d}W_z}{\mathrm{d}q}\mu_{F_1} + \dfrac{\mathrm{d}}{\mathrm{d}q}\left(\dfrac{\mathrm{d}S_2}{\mathrm{d}W_z}\dfrac{\mathrm{d}W_z}{\mathrm{d}q}\right)\sigma_{F_1} = gL\omega_1\mu_q \\[3mm] \sigma_{S_2} = \dfrac{\mathrm{d}S_2}{\mathrm{d}W_z}\dfrac{\mathrm{d}W_z}{\mathrm{d}q}\sigma_{F_1} = gL\omega_1\sigma_q \end{cases} \tag{7-14}$$

时变参数 q 服从几何布朗运动，即：

$$\begin{cases} \mu_q(t) = \lambda_q \cdot q(t) \\[2mm] \sigma_q(t) = \delta_q \cdot q(t) \end{cases} \tag{7-15}$$

且

$$E[\,q(t)\,] = q(0) \cdot \mathrm{e}^{\lambda_q t} \tag{7-16}$$

$$\text{var}[q(t)] = [q(0) \cdot e^{\lambda_q t}]^2 (e^{\delta_q^2 t} - 1) \tag{7-17}$$

式中 λ_q, δ_q——分别为 q 的漂移率和波动率。

将式（7-15）代入式（7-14）得：

$$\begin{cases} \mu_{S_2}(t) = gL\omega_1 \lambda_q \cdot q(t) \\ \sigma_{S_2}(t) = gL\omega_1 \delta_q \cdot q(t) \end{cases} \tag{7-18}$$

S_2 的均值和方差为：

$$\begin{cases} E[S_2(t)] = S_2(0) + \int_0^t \mu_{S_2}(s)\,\mathrm{d}s = (1+k_1)W_k + (q(0)e^{\lambda_q t} + q_1 + q_2)gL\omega_1 \\ \text{var}[S_2(t)] = \int_0^t \sigma_{S_2}(s)\,\mathrm{d}\omega_s = [q(0)e^{\lambda_q t}gL\omega_1]^2(e^{\delta_q^2 t} - 1) \end{cases}$$

$$\tag{7-19}$$

$\ln S_2$ 的均值和方差为：

$$\begin{cases} \hat{\mu}_{\ln S_2}(t) = \ln[E(S_2(t))] - \dfrac{1}{2}\ln\left[1 + \dfrac{\text{var}[S_2(t)]}{\{E[S_2(t)]\}^2}\right] \\[3mm] \qquad\quad = \ln\left\{\dfrac{[Z + q(0) \cdot e^{\lambda_q t}gL\omega_1]^2}{\sqrt{q^2(0)e^{2\left(\lambda_q + \frac{\delta_q^2}{2}\right)t}(gL\omega_1)^2 + 2q(0)e^{\lambda_q t}ZgL\omega_1 + Z^2}}\right\} \\[5mm] \hat{\sigma}^2_{\ln S_2}(t) = \ln\left\{1 + \dfrac{\text{var}[S_2(t)]}{\{E[S_2(t)]\}^2}\right\} = \ln\left\{1 + \dfrac{[q(0)e^{\lambda_q t}gL\omega_1]^2(e^{\delta_q^2 t} - 1)}{[Z + q(0)e^{\lambda_q t}gL\omega_1]^2}\right\} \end{cases}$$

$$\tag{7-20}$$

式中，$Z = (1+k_1)W_k + (q_1 + q_2)gL\omega_1$ 是与时间无关的定值。

根据时变可靠性计算模型，将式（7-20）代入，则 t 时刻胶带垂度的可靠度为：

$$R(t) = \Phi\left[\frac{\hat{\mu}_{\ln S_1}(t) - \hat{\mu}_{\ln S_2}(t)}{\sqrt{\hat{\sigma}^2_{\ln S_1}(t) + \hat{\sigma}^2_{\ln S_2}(t)}}\right]$$

$$= \Phi\left\{\frac{\left[\ln S_1(0) + \left(\lambda_{S_1} - \dfrac{\delta_{S_1}^2}{2}\right)t\right] - \ln\left[\dfrac{[Z + q(0) \cdot e^{\lambda_q t}gL\omega_1]^2}{\sqrt{q^2(0) \cdot e^{2\left(\lambda_q + \frac{\delta_q^2}{2}\right)t}(gL\omega_1)^2 + 2q(0) \cdot e^{\lambda_q t} \cdot ZgL\omega_1 + Z^2}}\right]}{\sqrt{\delta_{S_1}^2 t + n\left\{1 + \dfrac{[q(0)e^{\lambda_q t}gL\omega_1]^2(e^{\delta_q^2 t} - 1)}{[Z + q(0)e^{\lambda_q t}gL\omega_1]^2}\right\}}}\right\}$$

$$\tag{7-21}$$

7.4　胶带垂度的时变不确定性分析

图 7-1 所示的胶带输送机，1 点处张力最小，4 点处张力最大，胶带运输机倾角 $\beta = 0$。为使输送机运转平稳，两组托辊间胶带垂度应小于许用值。验算时，只要重段胶带最小张力点（即点 3）的张力能够满足垂度要求，则其他各点也能满足。重段胶带允许最小张力为：

$$[F_{z\min}] = 5(q + q_1)gL_g\cos\beta \qquad (7-22)$$

式中　L_g——重段两组托辊间距，m。

基于时变不确定性理论，将 $[F_{z\min}]$ 视为系统许用函数 S_1，将 F_3 视为系统状态函数 S_2，则胶带垂度的可靠度为：

$$R = P(F_3 - [F_{z\min}] > 0) = P(S_2 - S_1 > 0) = P(\ln S_2 - \ln S_1 > 0) \qquad (7-23)$$

对于 S_1，只包含一个时变参数，即货载单位长度质量 q（单位为 kg/m），其他参数均为定值，则：

$$\begin{cases} \mu_{S_1} = 5gL_g\mu_q \\ \sigma_{S_1} = 5gL_g\sigma_q \end{cases} \qquad (7-24)$$

时变参数 q 服从几何布朗运动，即：

$$\begin{cases} \mu_q(t) = \lambda_q \cdot q(t) \\ \sigma_q(t) = \delta_q \cdot q(t) \end{cases} \qquad (7-25)$$

且

$$E[q(t)] = q(0)e^{\lambda_q t} \qquad (7-26)$$

$$\mathrm{var}[q(t)] = [q(0)e^{\lambda_q t}]^2(e^{\delta_q^2 t} - 1) \qquad (7-27)$$

式中　λ_q，δ_q——分别为 q 的漂移率和波动率。

将式（7-25）代入式（7-24）得：

$$\begin{cases} \mu_{S_1}(t) = [S_1(t) - 5q_1gL_g]\lambda_q \\ \sigma_{S_1}(t) = [S_1(t) - 5q_1gL_g]\delta_q \end{cases} \qquad (7-28)$$

S_1 的均值和方差为：

$$\begin{cases} E[S_1(t)] = S_1(0) + \int_0^t \mu_{S_1}(s)\mathrm{d}s = 5[q(0) \cdot \mathrm{e}^{\lambda_q t} + q_1]gL_g \\ \mathrm{var}[S_1(t)] = \int_0^t \sigma_{S_1}(s)\mathrm{d}\omega_s = [5q(0) \cdot \mathrm{e}^{\lambda_q t}gL_g]^2(\mathrm{e}^{\delta_q^2 t} - 1) \end{cases} \tag{7-29}$$

$\ln S_1$ 的均值和方差为：

$$\begin{cases} \hat{\mu}_{\ln S_1}(t) = \ln[E(S_1(t))] - \dfrac{1}{2}\ln\Big[1 + \dfrac{\mathrm{var}(S_1(t))}{(E(S_1(t)))^2}\Big] \\[2mm] \qquad = \ln\left\{\dfrac{5[q(0)\mathrm{e}^{\lambda_q t} + q_1]^2 gL_g}{\sqrt{q^2(0)\mathrm{e}^{2(\lambda_q + \frac{\delta_q^2}{2})t} + 2q(0)q_1\mathrm{e}^{\lambda_q t} + q_1^2}}\right\} \\[3mm] \hat{\sigma}_{\ln S_1}^2(t) = \ln\left\{1 + \dfrac{\mathrm{var}[S_1(t)]}{\{E[S_1(t)]\}^2}\right\} = \ln\left\{1 + \dfrac{q^2(0)\mathrm{e}^{2\lambda_q t}(\mathrm{e}^{\delta_q^2 t} - 1)}{[q(0)\mathrm{e}^{\lambda_q t} + q_1]^2}\right\} \end{cases} \tag{7-30}$$

对于 S_2，即 F_3，由式（7-5）可得：

$$F_3 = (1 + k_1)(W_k + F_1) \tag{7-31}$$

S_2 的时变参数为 1 点张力 $F_1(\mathrm{N})$。系统漂移函数和波动函数为：

$$\begin{cases} \mu_{S_2} = (1 + k_1)\mu_{F_1} \\ \sigma_{S_2} = (1 + k_1)\sigma_{F_1} \end{cases} \tag{7-32}$$

时变参数 F_1 服从几何布朗运动，即：

$$\begin{cases} \mu_{F_1}(t) = \lambda_{F_1} \cdot F_1(t) \\ \sigma_{F_1}(t) = \delta_{F_1} \cdot F_1(t) \end{cases} \tag{7-33}$$

且

$$E[F_1(t)] = F_1(0)\mathrm{e}^{\lambda_{F_1} t} \tag{7-34}$$

$$\mathrm{var}[F_1(t)] = [F_1(0)\mathrm{e}^{\lambda_{F_1} t}]^2(\mathrm{e}^{\delta_{F_1}^2 t} - 1) \tag{7-35}$$

式中 λ_{F_1}，δ_{F_1}——分别为 F_1 的漂移率和波动率。

将式（7-33）代入式（7-32）得：

$$\begin{cases} \mu_{S_2} = (1 + k_1)F_1(t)\lambda_{F_1} \\ \sigma_{S_2} = (1 + k_1)F_1(t)\delta_{F_1} \end{cases} \tag{7-36}$$

S_2 的均值和方差为：

$$\begin{cases} E[S_2(t)] = S_2(0) + \int_0^t \mu_{S_2}(s)\,\mathrm{d}s = (1+k_1)[W_k + F_1(0)\mathrm{e}^{\lambda_{F_1}t}] \\ \mathrm{var}[S_2(t)] = \int_0^t \sigma_{S_2}(s)\,\mathrm{d}\omega_s = [(1+k_1)F_1(0)\mathrm{e}^{\lambda_{F_1}t}]^2(\mathrm{e}^{\delta_{F_1}^2 t} - 1) \end{cases} \quad (7-37)$$

$\ln S_2$ 的均值和方差为：

$$\begin{cases} \hat{\mu}_{\ln S_2}(t) = \ln[E(S_2(t))] - \dfrac{1}{2}\ln\left(1 + \dfrac{\mathrm{var}(S_2(t))}{[E(S_2(t))]^2}\right) \\ \qquad = \ln\left\{ \dfrac{(1+k_1)[W_k + F_1(0)\mathrm{e}^{\lambda_{F_1}t}]^2}{\sqrt{F_1^2(0)\mathrm{e}^{2\left(\lambda_{F_1}+\frac{\delta_{F_1}^2}{2}\right)t} + 2W_k F_1(0)\mathrm{e}^{\lambda_{F_1}t} + W_k^2}} \right\} \\ \hat{\sigma}_{\ln S_2}^2(t) = \ln\left\{1 + \dfrac{\mathrm{var}[S_2(t)]}{\{E[S_2(t)]\}^2}\right\} = \ln\left\{1 + \dfrac{F_1^2(0)\mathrm{e}^{2\lambda_{F_1}t}(\mathrm{e}^{\delta_{F_1}^2 t} - 1)}{[W_k + F_1(0)\mathrm{e}^{\lambda_{F_1}t}]^2}\right\} \end{cases} \quad (7-38)$$

根据时变可靠性计算模型，将式（7-38）代入，则 t 时刻胶带垂度的可靠度为：

$$R(t) = \Phi\left[\frac{\hat{\mu}_{\ln S_2}(t) - \hat{\mu}_{\ln S_1}(t)}{\sqrt{\hat{\sigma}_{\ln S_2}^2(t) + \hat{\sigma}_{\ln S_1}^2(t)}}\right]$$

$$= \Phi\left\{ \frac{\ln\left[\dfrac{(1+k_1)[W_k + F_1(0)\mathrm{e}^{\lambda_{F_1}t}]^2}{\sqrt{F_1^2(0)\mathrm{e}^{2\left(\lambda_{F_1}+\frac{\delta_{F_1}^2}{2}\right)t} + 2W_k F_1(0)\mathrm{e}^{\lambda_{F_1}t} + W_k^2}} \dfrac{\sqrt{q^2(0)\mathrm{e}^{2\left(\lambda_q+\frac{\delta_q^2}{2}\right)t} + 2q(0)q_1\mathrm{e}^{\lambda_q t} + q_1^2}}{5[q(0)\mathrm{e}^{\lambda_q t} + q_1]^2 g L_g}\right]}{\sqrt{\ln\left\{\left[1 + \dfrac{F_1^2(0)\mathrm{e}^{2\lambda_{F_1}t}(\mathrm{e}^{\delta_{F_1}^2 t} - 1)}{(W_k + F_1(0)\mathrm{e}^{\lambda_{F_1}t})^2}\right]\left[1 + \dfrac{q^2(0)\mathrm{e}^{2\lambda_q t}(\mathrm{e}^{\delta_q^2 t} - 1)}{(q(0)\mathrm{e}^{\lambda_q t} + q_1)^2}\right]\right\}}} \right\}$$

$$(7-39)$$

7.5 胶带强度的时变不确定性分析

最大张力点 4 的张力为：

$$F_{\max} = F_4 = (1+k_1)(F_1 + W_k) + W_z \quad (7-40)$$

则胶带承受的最大应力为：

$$\sigma_{\max} = \frac{F_{\max}}{A} = \frac{1}{A} \big[(1 + k_1)(F_1 + W_k) + W_z \big] \qquad (7-41)$$

式中　A——胶带截面积，m^2。

由于胶带输送机的设计倾角为 0，故：

$$W_z = (q + q_1 + q_2) gL\omega_1$$

$$W_k = (q_1 + q_2') gL\omega_2$$

式中，W_k 不随时间波动或漂移。

基于时变不确定性理论，将 $\sigma_{\max}$ 视作系统状态函数 S_1，将胶带许用强度视作系统许用函数 S_2，胶带强度的可靠度为：

$$R = P(S_2 - S_1 > 0) = P(\ln S_2 - \ln S_1 > 0)$$

对于 S_1，包含两个时变参数，包括张力 F_1（单位为 N）和货载单位长度质量 q（单位为 kg/m）。则系统漂移函数和波动函数为：

$$\begin{cases}
\mu_{S_1} = \dfrac{\partial S_1}{\partial F_1}\mu_{F_1} + \dfrac{\partial S_1}{\partial W_z}\dfrac{\partial W_z}{\partial q}\mu_q + \\[2mm]
\quad \left[\dfrac{1}{2}\dfrac{\partial^2 S_1}{\partial F_1^2}\sigma_{F_1}^2 + \dfrac{\partial}{\partial F_1}\left(\dfrac{\partial S_1}{\partial W_z}\dfrac{\partial W_z}{\partial q} \right)\sigma_{F_1}\sigma_q + \dfrac{1}{2}\dfrac{\partial}{\partial q}\left(\dfrac{\partial S_1}{\partial W_z}\dfrac{\partial W_z}{\partial q} \right)\sigma_q^2 \right] \\[2mm]
\quad = \dfrac{1}{A}\big[(1 + k_1)\mu_{F_1} + gL\omega_1\mu_q \big] \\[2mm]
\sigma_{S_1} = \dfrac{\partial S_1}{\partial F_1}\sigma_{F_1} + \dfrac{\partial S_1}{\partial W_z}\dfrac{\partial W_z}{\partial q}\sigma_q = \dfrac{1}{A}\big[(1 + k_1)\sigma_{F_1} + gL\omega_1\sigma_q \big]
\end{cases} \qquad (7-42)$$

时变参数 F_1 和 q 均服从几何布朗运动，即：

$$\begin{cases}
\mu_{F_1}(t) = \lambda_{F_1} \cdot F_1(t) \\
\sigma_{F_1}(t) = \delta_{F_1} \cdot F_1(t)
\end{cases},\quad
\begin{cases}
\mu_q(t) = \lambda_q \cdot q(t) \\
\sigma_q(t) = \delta_q \cdot q(t)
\end{cases} \qquad (7-43)$$

且

$$\begin{cases}
E[F_1(t)] = F_1(0)\mathrm{e}^{\lambda_{F_1}t} \\
\mathrm{var}[F_1(t)] = [F_1(0)\mathrm{e}^{\lambda_{F_1}t}]^2 (\mathrm{e}^{\delta_{F_1}^2 t} - 1)
\end{cases},\quad
\begin{cases}
E[q(t)] = q(0)\mathrm{e}^{\lambda_q t} \\
\mathrm{var}[q(t)] = [q(0)\mathrm{e}^{\lambda_q t}]^2 (\mathrm{e}^{\delta_q^2 t} - 1)
\end{cases}$$

式中　λ_{F_1}，δ_{F_1}——分别为 F_1 的漂移率和波动率；

λ_q, δ_q——分别为 q 的漂移率和波动率。

将式（7-43）代入式（7-42）得：

$$\begin{cases} \mu_{S_1} = \dfrac{1}{A}\big[\,(1+k_1)\lambda_{F_1}\cdot F_1(t) + gL\omega_1\lambda_q\cdot q(t)\,\big] \\[2mm] \sigma_{S_1} = \dfrac{1}{A}\big[\,(1+k_1)\delta_{F_1}\cdot F_1(t) + gL\omega_1\delta_q\cdot q(t)\,\big] \end{cases} \qquad (7-44)$$

S_1 的均值和方差为：

$$\begin{cases} E[\,S_1(t)\,] = S_1(0) + \displaystyle\int_0^t \mu_{S_1}(s)\,\mathrm{d}s \\[2mm] \qquad\quad = \dfrac{1}{A}\big\{(1+k_1)[\,F_1(0)\mathrm{e}^{\lambda_{F_1}t} + W_k\,] + [\,q(0)\mathrm{e}^{\lambda_q t} + q_1 + q_2\,]gL\omega_1\big\} \\[3mm] \mathrm{var}[\,S_1(t)\,] = \displaystyle\int_0^t \sigma_{S_1}(s)\,\mathrm{d}\omega_s \\[2mm] \qquad\qquad = \dfrac{1}{A^2}\big\{[\,(1+k_1)F_1(0)\mathrm{e}^{\lambda_{F_1}t}\,]^2(\mathrm{e}^{\delta_{F_1}^2 t} - 1) + \\[2mm] \qquad\qquad\quad [\,gL\omega_1 q(0)\mathrm{e}^{\lambda_q t}\,]^2(\mathrm{e}^{\delta_q^2 t} - 1)\big\} \end{cases}$$

$$(7-45)$$

$\ln S_1$ 的均值和方差为：

$$\begin{cases} \hat{\mu}_{\ln S_1}(t) = \ln 2\{E[\,S_1(t)\,]\} - \dfrac{1}{2}\ln\Big\{1 + \dfrac{\mathrm{var}[\,S_1(t)\,]}{[\,E(S_1(t))\,]^2}\Big\} \\[3mm] \qquad\quad = \ln\bigg\{\dfrac{E^2[\,S_1(t)\,]}{\sqrt{E^2[\,S_1(t)\,] + \mathrm{var}[\,S_1(t)\,]}}\bigg\} \\[3mm] \hat{\sigma}^2_{\ln S_1}(t) = \ln\Big\{1 + \dfrac{\mathrm{var}[\,S_1(t)\,]}{\{E[\,S_1(t)\,]\}^2}\Big\} \end{cases} \qquad (7-46)$$

式中：

$$\begin{aligned} &E^2[\,S_1(t)\,] + \mathrm{var}[\,S_1(t)\,] \\ &= \frac{1}{A^2}\Big\{(1+k_1)^2[\,F_1^2(0)\mathrm{e}^{2\left(\lambda_{F_1}+\frac{\delta_{F_1}^2}{2}\right)t} + 2F_1(0)\mathrm{e}^{\lambda_{F_1}t}W_k + W_k^2\,] + \\ &\quad 2(1+k_1)[\,F_1(0)\mathrm{e}^{\lambda_{F_1}t} + W_k\,][\,q(0)\mathrm{e}^{\lambda_q t} + q_1 + q_2\,]gL\omega_1 + \\ &\quad [\,q^2(0)\mathrm{e}^{2\left(\lambda_q+\frac{\delta_q^2}{2}\right)t} + 2q(0)\mathrm{e}^{\lambda_q t}(q_1 + q_2) + (q_1 + q_2)^2\,](gL\omega_1)^2\Big\}^{\frac{1}{2}} \end{aligned}$$

$$\frac{\text{var}[S_1(t)]}{[E(S_1(t))]^2} = \frac{[(1+k_1)F_1(0)e^{\lambda_{F_1}t}]^2(e^{\delta^2_{F_1}t}-1) + [gL\omega_1 q(0)e^{\lambda_q t}]^2(e^{\delta^2_q t}-1)}{[(1+k_1)(F_1(0)e^{\lambda_{F_1}t}+W_k) + (q(0)e^{\lambda_q t}+q_1+q_2)gL\omega_1]^2}$$

S_2 本身服从几何布朗运动，则 $\ln[S_2(t)]$ 服从均值为 $\ln[S_2(0)] + \left(\lambda_{S_2} - \dfrac{\delta^2_{S_2}}{2}\right)t$，方差为 $\delta^2_{S_2}t$ 的正态分布。

根据时变可靠性模型，t 时刻胶带强度的可靠度为：

$$R(t) = \Phi\left[\frac{\hat{\mu}_{\ln S_2}(t) - \hat{\mu}_{\ln S_1}(t)}{\sqrt{\hat{\sigma}^2_{\ln S_2}(t) + \hat{\sigma}^2_{\ln S_1}(t)}}\right]$$

$$= \Phi\left\{\frac{\left[\ln(S_2(0)) + \left(\lambda_{S_2} - \dfrac{\delta^2_{S_2}}{2}\right)t\right] - \ln\left[\dfrac{E^2(S_1(t))}{\sqrt{E^2(S_1(t)) + \text{var}(S_1(t))}}\right]}{\sqrt{\delta^2_{S_2}t + \ln\left\{1 + \dfrac{\text{var}[S_1(t)]}{[E(S_1(t))]^2}\right\}}}\right\}$$

$$(7-47)$$

7.6　小结

本章基于时变不确定性分析理论，对胶带输送机的防滑能力、胶带垂度和强度，建立时变可靠度的计算模型。

影响胶带输送机防滑能力的因素中，货载单位长度质量和预紧力随时间变化。建立系统状态函数和许用函数，状态函数值应小于许用函数值。系统状态函数的漂移函数和波动函数可由货载单位长度质量的漂移率和波动率表达，对其积分求得任一时刻系统状态函数的均值和方差。系统许用函数的漂移函数和波动函数可由预紧力的漂移率和波动率表达，对其积分求得任一时刻系统许用函数的均值和方差。利用系统漂移函数与波动函数关系不等式决定的概率计算，求出任意时刻系统可靠度。

影响胶带垂度的因素中，货载单位长度质量和预紧力随时间变化。以最小张力为系统状态函数，重段胶带允许最小张力为系统许用函数，系统状态函数值应大于许用函数值。系统状态函数的漂移函数和波动函数可由货载单位长度质量的漂移率和波动率表达，对其积分求得任一时刻系统状态函数的均值和方差。系统许用函数的漂移函数和波动函数可由预紧力的漂移率和波动率表达，对其积分求得任一时刻系统许用函数的均值和方差。利用系统漂移函数与波动函数关系不等式决定的概率计算，求出任意时刻系统可靠度。

影响胶带强度的因素中，系统状态函数为胶带内最大应力，系统许用函数为胶带许用强度，状态函数值小于许用函数值。系统状态函数的漂移函数和波动函数可由货载单位长度质量和预紧力的漂移率和波动率表达，对其积分求得任意时刻系统状态函数的均值和方差。系统许用函数服从几何布朗运动，可直接求解其对数的均值与方差。利用系统漂移函数与波动函数关系不等式决定的概率计算，求出任意时刻系统可靠度。

8 电机车运输的时变不确定性设计

8.1 概述

矿用机车是矿车轨道运输的一种牵引机械，在井下煤炭运输及辅助运输中占有重要位置，是长距离水平巷道的主要运输工具，矿用机车在轨道上往返运行，周期性运输货载。

按照电源的不同，矿用电机车可以分为直流电机车和交流电机车两大类，直流电机车按其供电方式又可以分为架线式和蓄电池式。目前广泛使用的是防爆低污染内燃机车，其具有良好的牵引性能和启动加速性能。

8.2 列车运行理论

8.2.1 列车运行基本方程

电机车及其牵引的矿车组总称为列车，列车在牵引状况下，作用于列车的有三个力：牵引电机产生的与运动方向一致的牵引力 F，与列车运行方向相反的静阻力 F_j，列车加速时的惯性阻力 F_a。根据平衡理论，可得：

$$F - F_j - F_a = 0 \qquad (8-1)$$

列车运行时惯性阻力为：

$$F_a = (1 + r)ma \qquad (8-2)$$

式中　r——惯性系数，一般取 0.075；

　　　　m——列车组的总质量，kg；

　　　　a——列车加速度，m/s²。

列车运行静阻力包括基本阻力和坡道阻力。基本阻力源自轴颈轴承间的摩擦阻力，轮缘与轨道间滑动摩擦阻力及矿车在轨道上运行时的冲击、振动等引起的附加阻力等；坡道阻力是列车在坡道上运行时，由于重力沿倾斜方向的分力引起的阻力。

基本阻力为：

$$F_0 = mg\omega$$

式中　ω——基本阻力系数，查表可得。

坡道阻力为：

$$F_i = \pm mg\sin\beta$$

式中　β——坡道倾角，rad；

　　$\pm$——上坡取正，下坡取负。

综上，列车静阻力为：

$$F_j = F_0 + F_i = mg(\omega \pm \sin\beta) \qquad (8-3)$$

8.2.2　机车牵引力

车轮作用于轨道接触点上的力为：

$$F_k = \frac{2M}{D}$$

式中　D——机车主动轮轴车轮直径，m。

为保证电机车正常运行，必须保证车轮在轨道上滚动且不发生相对滑动，即：

$$F_k \leqslant T_k = P\psi \qquad (8-4)$$

式中　T_k——车轮与轨道间的摩擦力，N；

　　P——作用在车轮上的正压力，即黏着重力，N；

　　ψ——轮缘与轨道间的黏着系数。

8.2.3　机车制动力

为达到迅速停车或减速的目的，在轮箍上人为施加制动力 B，制动力大小为：

$$B = N\varphi$$

式中　N——闸瓦施加在轮箍上的正压力，N；

φ——闸瓦与轮箍间的摩擦因数，一般取 $0.15 \sim 0.2$。

为保证列车正常运行，制动力也受黏着条件限制，即：

$$B \leqslant T_k = P_{zd} \psi$$

式中　P_{zd}——机车制动重力，若各主动轮上都有轴瓦，其等于黏着重力，N。

8.3　列车组黏着条件的时变不确定性计算

根据式（8-1）和式（8-4）可得：

$$F = mg(\omega \pm \sin\beta) + (1+r)ma \leqslant P\psi \tag{8-5}$$

列车组的质量 m 可以分解为电机车质量 m_j 和矿车组质量 m_c，则：

$$F = (m_j + m_c)[g(\omega \pm \sin\beta) + (1+r)a] \leqslant P\psi \tag{8-6}$$

矿车组的质量又取决于矿车数 n、矿车自身质量 m_0 和载质量 m_z，即：

$$m_c = n(m_0 + m_z)$$

代入式（8-6）中可得：

$$F = [m_j + n(m_0 + m_z)][g(\omega \pm \sin\beta) + (1+r)a] \leqslant P\psi$$

根据时变不确定性设计理论，系统状态函数为 $S_1 = F$，系统许用函数为 $S_2 = P\psi$。系统许用函数 S_2 为一不随时间变化的定值，系统状态函数 S_1 包含两个时变参数：矿车载质量 m_z 和矿车组加速度 a。

令 $A = m_j + nm_0$，$B = g(\omega \pm \sin\beta)$，则：

$$S_1 = (A + nm_z)[B + (1+r)a]$$

系统漂移函数和波动函数为：

$$\begin{cases} \mu_{S_1} = \dfrac{\partial S_1}{\partial m_z}\mu_{m_z} + \dfrac{\partial S_1}{\partial a}\mu_a + \left[\dfrac{1}{2}\dfrac{\partial^2 S_1}{\partial m_z^2}\sigma_{m_z}^2 + \dfrac{\partial}{\partial m_z}\left(\dfrac{\partial S_1}{\partial a}\right)\sigma_{m_z}\sigma_a + \dfrac{1}{2}\dfrac{\partial^2 S_1}{\partial a^2}\sigma_a^2\right] \\ \qquad = n[B + (1+r)a]\mu_{m_z} + (1+r)(A + nm_z)\mu_a + n(1+r)\sigma_{m_z}\sigma_a \\ \sigma_{S_1} = \dfrac{\partial S_1}{\partial m_z}\sigma_{m_z} + \dfrac{\partial S_1}{\partial a}\sigma_a = n[B + (1+r)a]\sigma_{m_z} + (1+r)(A + nm_z)\sigma_a \end{cases}$$

时变参数 m_z 和 a 均服从几何布朗运动, 即:

$$\begin{cases} \mu_{m_z}(t) = \lambda_{m_z} \cdot m_z(t) \\ \sigma_{m_z}(t) = \delta_{m_z} \cdot m_z(t) \end{cases}, \begin{cases} \mu_a(t) = \lambda_a \cdot a(t) \\ \sigma_a(t) = \delta_a \cdot a(t) \end{cases}$$

且

$$\begin{cases} E[m_z(t)] = m_z(0) e^{\lambda_{m_z} t} \\ \text{var}[m_z(t)] = [m_z(0) e^{\lambda_{m_z} t}]^2 (e^{\delta_{m_z}^2 t} - 1) \end{cases}, \begin{cases} E[a(t)] = a(0) e^{\lambda_a t} \\ \text{var}[a(t)] = [a(0) e^{\lambda_a t}]^2 (e^{\delta_a^2 t} - 1) \end{cases}$$

式中 λ_{m_z}, δ_{m_z}——分别为 m_z 的漂移率和波动率;

λ_a, δ_a——分别为 a 的漂移率和波动率。

S_1 的均值和方差为:

$$\begin{cases} E[S_1(t)] = S_1(0) + \int_0^t \mu_{S_1}(s) \, \mathrm{d}s \\ \qquad\quad = [A + n m_z(0) e^{\lambda_{m_z} t}][B + (1+r) a(0) e^{\lambda_a t}] \\ \text{var}[S_1(t)] = \int_0^t \sigma_{S_1}(s) \, \mathrm{d}\omega_s \\ \qquad\quad = [A(1+r) a(0) e^{\lambda_a t}]^2 (e^{\delta_a^2 t} - 1) + [n B m_z(0) e^{\lambda_{m_z} t}]^2 (e^{\delta_{m_z}^2 t} - 1) + \\ \qquad\quad\quad [n(1+r) a(0) m_z(0) e^{(\lambda_a + \lambda_{m_z}) t}][e^{(\delta_a^2 + \delta_{m_z}^2) t} - 1] \end{cases}$$

$$(8-7)$$

$\ln S_1$ 的均值和方差为:

$$\begin{cases} \hat{\mu}_{\ln S_1}(t) = \ln\{E[S_1(t)]\} - \dfrac{1}{2} \ln\left\{1 + \dfrac{\text{var}[S_1(t)]}{\{E[S_1(t)]\}^2}\right\} = \ln\left\{\dfrac{E^2[S_1(t)]}{\sqrt{E^2[S_1(t)] + \text{var}[S_1(t)]}}\right\} \\ \hat{\sigma}_{\ln S_1}^2(t) = \ln\left\{1 + \dfrac{\text{var}[S_1(t)]}{[E(S_1(t))]^2}\right\} \end{cases}$$

$$(8-8)$$

系统的可靠度为:

$$R = P(S_2 - S_1 > 0) = P(\ln S_2 - \ln S_1 > 0)$$

代入式 (8-8), 则:

$$R(t) = \Phi \left[\frac{\hat{\mu}_{\ln S_2}(t) - \hat{\mu}_{\ln S_1}(t)}{\sqrt{\hat{\sigma}_{\ln S_2}^2(t) + \hat{\sigma}_{\ln S_1}^2(t)}} \right] = \Phi \left\{ \frac{\ln P \psi - \ln \left\{ \dfrac{E^2[S_1(t)]}{\sqrt{E^2[S_1(t)] + \mathrm{var}[S_1(t)]}} \right\}}{\sqrt{\ln \left\{ 1 + \dfrac{\mathrm{var}[S_1(t)]}{\{E[S_1(t)]\}^2} \right\}}} \right\}$$

$$(8-9)$$

8.4   列车组制动条件的时变不确定性分析

按满载情况下，列车组以平均时速下坡时的制动分析，其制动距离应不超过规定的安全制动距离，电机车的制动力也应当要满足黏着条件，即：

$$B = [m_j + n(m_0 + m_z)][g(\sin\beta - \omega) + (1+r)a] \leqslant P_{zd}\psi$$

令 $A = m_j + nm_0$，$B = g(\sin\beta - \omega)$，则：

$$B = (A + nm_z)[B + (1+r)a] \leqslant P_{zd}\psi \qquad (8-10)$$

又根据安全制动距离可得：

$$L_{zd} = \frac{v_{zd}^2}{2a} \leqslant [L] \qquad (8-11)$$

联立式（8-10）和式（8-11）可得：

$$\frac{P_{zd}\psi}{A + nm_z} \geqslant B + \frac{(1+r)v_{zd}^2}{2[L]} \qquad (8-12)$$

式中 v_{zd}——电机车开始制动时机车组的运行速度，m/s；

[L]——规定的安全制动距离，m。

假设系统状态函数为 S_1，系统许用函数为 S_2，则式（8-12）可化为：

$$S_1 = A + nm_z \leqslant \frac{2P_{zd}\psi[L]}{2B[L] + (1+r)v_{zd}^2} = S_2 \qquad (8-13)$$

S_2 可看做一定值，S_1 仅包含时变参数 m_z，则 S_1 的漂移函数和波动函数分别为：

$$\begin{cases} \mu_{S_1} = \dfrac{\mathrm{d}S_1}{\mathrm{d}m_z}\mu_{m_z} + \dfrac{1}{2}\dfrac{\mathrm{d}^2 S_1}{\mathrm{d}m_z^2}\sigma_{m_z}^2 = n\mu_{m_z} \\[3mm] \sigma_{S_1} = \dfrac{\mathrm{d}S_1}{\mathrm{d}m_z}\sigma_{m_z} = n\sigma_{m_z} \end{cases}$$

时变参数 m_z 服从几何布朗运动，即：

$$\begin{cases} \mu_{m_z}(t) = \lambda_{m_z} \cdot m_z(t) \\[2mm] \sigma_{m_z}(t) = \delta_{m_z} \cdot m_z(t) \end{cases}$$

且

$$\begin{cases} E[m_z(t)] = m_z(0)\mathrm{e}^{\lambda_{m_z}t} \\[2mm] \mathrm{var}[m_z(t)] = [m_z(0)\mathrm{e}^{\lambda_{m_z}t}]^2(\mathrm{e}^{\delta_{m_z}^2 t} - 1) \end{cases}$$

式中 λ_{m_z}，δ_{m_z}——分别为 m_z 的漂移率和波动率。

S_1 的均值和方差为：

$$\begin{cases} E[S_1(t)] = S_1(0) + \displaystyle\int_0^t \mu_{S_1}(s)\mathrm{d}s = A + nm_z(0)\mathrm{e}^{\lambda_{m_z}t} \\[3mm] \mathrm{var}[S_1(t)] = \displaystyle\int_0^t \sigma_{S_1}(s)\mathrm{d}\omega_s = [nm_z(0)\mathrm{e}^{\lambda_{m_z}t}]^2(\mathrm{e}^{\delta_{m_z}^2 t} - 1) \end{cases}$$

$\ln S_1$ 的均值和方差为：

$$\begin{cases} \hat{\mu}_{\ln S_1}(t) = \ln\{E[S_1(t)]\} - \dfrac{1}{2}\ln\left\{1 + \dfrac{\mathrm{var}[S_1(t)]}{\{E[S_1(t)]\}^2}\right\} \\[4mm] \qquad = \ln\left\{\dfrac{[A + nm_z(0)\mathrm{e}^{\lambda_{m_z}t}]^2}{\sqrt{A^2 + 2Anm_z(0)\mathrm{e}^{\lambda_{m_z}t} + n^2 m_z^2(0)\mathrm{e}^{2\left(\lambda_{m_z} + \frac{\delta_{m_z}^2}{2}\right)t}}}\right\} \\[5mm] \hat{\sigma}_{\ln S_1}^2(t) = \ln\left\{1 + \dfrac{[nm_z(0)\mathrm{e}^{\lambda_{m_z}t}]^2(\mathrm{e}^{\delta_{m_z}^2 t} - 1)}{[A + nm_z(0)\mathrm{e}^{\lambda_{m_z}t}]^2}\right\} \end{cases} \qquad (8-14)$$

系统的可靠度为：

$$R = P(S_2 - S_1 > 0) = P(\ln S_2 - \ln S_1 > 0)$$

代入式 (8-14)，则：

$$R(t) = \Phi \left[\frac{\hat{\mu}_{\ln S_2}(t) - \hat{\mu}_{\ln S_1}(t)}{\sqrt{\hat{\sigma}_{\ln S_2}^2(t) + \hat{\sigma}_{\ln S_1}^2(t)}} \right]$$

$$= \Phi \left\{ \frac{\ln \dfrac{2P_{zd}\psi[L]}{2B[L] + (1+r)v_{zd}^2} - \ln \left[\dfrac{(A + nm_z(0)\mathrm{e}^{\lambda_{m_z}t})^2}{\sqrt{A^2 + 2Anm_z(0)\mathrm{e}^{\lambda_{m_z}t} + n^2 m_z^2(0)\mathrm{e}^{2\left(\lambda_{m_z} + \frac{\delta_{m_z}^2}{2}\right)t}}} \right]}{\sqrt{\ln\left\{ 1 + \dfrac{(nm_z(0)\mathrm{e}^{\lambda_{m_z}t})^2(\mathrm{e}^{\delta_{m_z}^2 t} - 1)}{[A + nm_z(0)\mathrm{e}^{\lambda_{m_z}t}]^2} \right\}}} \right\}$$

8.5　小结

本章基于时变不确定性分析理论,对电机车运输的列车组黏着条件和制动条件建立了时变可靠度的计算模型。

列车组黏着条件的许用函数为一不随时间变化的定值,其均值就是其实际值,方差为零。系统状态函数的漂移函数和波动函数可由载质量和加速度的漂移率和波动率表达,对其积分求得任一时刻系统状态函数的均值和方差。利用系统漂移函数与波动函数关系不等式决定的概率计算,求出任意时刻系统可靠度。

列车组制动条件的许用函数也是一定值,同理可求得其均值方差。系统状态函数的漂移函数和波动函数可由载质量的漂移率和波动率表达,对其积分求得任一时刻系统状态函数的均值和方差。利用系统漂移函数与波动函数关系不等式决定的概率计算,求出任意时刻系统可靠度。

系统不确定性计算方法及状态预测理论

9.1 系统不确定性预测

所谓预测，就是根据某一事物（或事件）过去的行为特征量在未来某一时刻或某一时段内可能发生的变化特征量或变化趋势做出估计。系统预测的正确与否，直接影响着系统规划的指向和目标是否出现偏差以及偏离的程度。系统预测是系统管理与控制的基础，是系统优化的前提条件。

以设备状态预测为例，它根据对设备连续监测所得的特征参数的历史数据来确定设备目前的运行状态，预测设备的未来运转趋势，预测和确定设备的剩余寿命，这对于设备维护和维修决策具有重大的意义。

预测可分为定性预测和定量预测。定性预测主要依靠一些领域专家，根据经验来判断系统的大致走势，即对事物的某种特性或某种倾向可能出现也可能不出现的一种事前推测。定量预测则是运用统计方法和数学模型，对事物现象、未来发展状况进行测定，它主要是通过对过去一些历史数据的统计分析，用量化指标来对系统未来发展进行预测。虽然研究定量预测的过程是艰苦和漫长的，但是它是科学技术发展的需要，人们对定量预测的认识一直在不断地发展前进。

9.2 复杂系统最大可预测时间

9.2.1 可行性研究

众所周知，数值预测的准确率随着时间的增长而迅速下降。一般认为，导致预测不准确的因素主要有三个：（1）系统动力学模式与实际系统存在着差异；（2）计算误差；（3）初始条件的不准确。但状态量的离散化和非线性系统的内在随机性对预测的准确性也有重大的影响。

系统预测准确与否，将在很大程度上取决于所采用的动力学模式。随着人类认识的深化，人们逐步认识系统的物理过程，尽管外在随机性客观地存在着，人们总可以从这些随机因素中分出一部分使其具有可预测性，从而由外在随机因素中分离出来的比重则越来越小。因此，随着系统动力学模式的不断完善，将有助于提高预测的准确性。

初始条件的不准确对系统预测准确与否有着一定的影响。如图9-1所示，设系统的实际初始状态为 A，由于初始条件的不准确性，存在着 A 的几个邻近态 B、C、D、E，其初始条件观测误差为 $\pm\varepsilon$。由于非线性系统的内在随机性，经过时间 t 后，它们分别演化为 A'、B'、C'、D'、E'，设预测误差为 $\pm\delta$。在初始条件误差 $\pm\varepsilon$ 内，由于客观存在的状态量的离散化，无法确定彼此很接近的这些状态究竟哪个是真实的初始状态。因而也无法知道经时间 t 后，它们所演变出的彼此不同的或彼此显著不同的状态中，哪个是未来的真实状态。即模式系统对 A，所做出的预测可能是 B'、E'，也可能是 C'、D'。如果预测的结果是 A' 或 B'，则预测是精确的；如果预测的结果是 E'，则系统的状态是可以预测的；如果预测结果是 C' 或 D'，则预测系统的状态是不准确的。

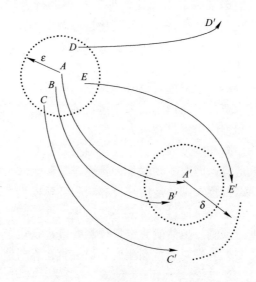

图9-1 初始状态量的离散和系统内在随机因素的影响
造成的预测误差示意图

综上所述，由于系统状态量的离散化及其非线性系统的内在随机性，系统的初始条件或系统的参数值的稍微不同，有可能导致非线性系统的未来状态本质上的显著不同。这就是所谓的非线性系统的长期不可预测性。

从一般意义上来讲，可预测性指的是可能对系统不久的将来或长期的将来做出预测的准确程度。长期预测的可行性是一个十分有争议的问题。牛顿力学决定论者认为长期预测不仅可行，而且不受时间的限制，这是动力（数值）预测的理论依据。而持"蝴蝶效应"观点者认为长期预测是不可能的。但对于确定性系统，虽然其未来的演变情况是由初值唯一地确定，但如果系统对初值极其敏感的话，则必定存在一个可预测期限，即预测的结果仅在一定的时间或区间有效。因为在相空间中，两条开始很接近的曲线不能永久保持这一状态，最终结果是二者不存在任何关系。在这个意义下，非线性系统的长期行为是不可预测的。但是，在短期内，系统运动轨迹发散应该较小，从而对系统进行短期预测是可行的。

9.2.2　基于混沌的复杂机械系统状态预测思想

通常研究的复杂机械系统是把使用过程中某一时间所处的状态作为一个静态点，研究其状态性质和特征。但如果放大研究的尺度，从整个使用过程来研究，会发现随着使用期的不同，这一点的状态不断发生变化，是一动态过程。因此我们可通过确定性系统长期演化的任一单变量数据序列来研究系统整体的混沌行为。

目前对混沌的概念进行精确的描述没有一个统一的界定。此处对混沌简单定义为：混沌是由于确定性系统对初始条件的敏感性而产生的不可预测性。也就是在动力系统中，如果任意两个很接近的初始点呈指数扩散，那么它们将来的状态是不可预测的，因此系统是混沌的。

在动力系统理论中，系统的基本情况称为状态。状态随时间而变化的规律称为动态特性。这个变化的过程可用相空间形象地表示出来，相空间中的每一个点代表系统一种可能的状态。

在相空间中，动力系统在某一瞬间的全部性态都集中于一点上，而系统演变的情形可通过在相空间移动的点来描绘。动力系统随时间演变，其相点在相空间中将描绘出一个轨迹，称为相空间中的轨道。若时间连续则称为"流"；若时间是离散的则称为"映射"。相空间法是现代科学研究中的有用工具，它提供了一种将数字转化为图形的方法。引入状态空间方法最大的优点是便于在研究中观察系统的演化规律。

吸引子是状态空间一种用以刻画状态空间中的长期行为的几何形式，是耗散系统长时间演化的最终归宿。吸引子可分为定常吸引子、周期吸引子、拟周期吸引子和奇异吸引子四类。吸引子的产生可以解释为：耗散系统在其运动与演化的过程中，相体积不断收缩的结果。收缩是由于阻尼等耗散项的存在所致。吸引子的维数一般要比原始相空间低，这是由于耗散过程中，消耗了大量小尺度的运动模式，因而使得确定性系统长时间行为的有效自由度减少。如果系统最终剩下一个周期运动，则称该系统具有极限环吸引子。二维以上的吸引子，表现为相空间相应维数的环面。只有耗散系统中的混沌才会产生奇异吸引子。但并非只有耗散系统才出现混沌。

此外混沌系统与分形具有密切的关系，混沌运动的轨道或奇怪吸引子都是分形。混沌运动的高度无序和混乱性反映在分形的复杂性上面。分形是由曼德布罗特（Mandelbrot）首先提出来的，他对分形的定义：其组成部分与整体以某种方式相似的"形"叫做分形。分形学是描述混沌运动的一种恰当的几何语言，分形的维数成了研究混沌现象的一个定量参数。

对复杂机械系统状态的预测，就是根据已知的某时刻以前机械系统的状态运动轨迹，预测该时刻以后轨迹的运动状态。它是把状态点之间的时间关系考虑在内的。从尺度方面来说，是先把吸引子作为静态点集研究，随着尺度的放大，将其看作动态运动轨迹加以研究。

大量的混沌研究结果已证明，混沌的基本特点决定了对混沌运动轨迹的预测具有最大可预测尺度，在可预测尺度内，可以对运动轨迹进行预测。

基于混沌的复杂机械系统状态预测过程如下：

（1）在设备运转时期，每隔时间 τ，测取机械系统的状态参数，获得状态时间序列

$$x(t),\ t = i \cdot \tau,\ i = 0,1,2,\cdots$$

简写为 x_0，x_1，$\cdots$，x_j；

（2）计算其最大可预测时间尺度 T；

（3）构造系统的动力学模型；

（4）在 T 内，预测状态序列的下一点 x_{j+1}；

（5）对 x_{j+1} 进行预测，判定其是否正常，如果不正常，是何种状态。

9.2.3　复杂机械系统状态的最大可预测时间

混沌和分维数的发现，使能够从一个似乎是杂乱无章的时间序列中得出反映系统本质特征的参数——分维数。对于分维数的一般定义，D_q 只依赖于参数 q：

$$D_q = \lim_{\varepsilon \to 0} \lim_{q_i \to q} \frac{1}{q_i - 1} \frac{\ln \sum_{i=1}^{n} P_i^{q_i}}{\ln \varepsilon} \quad q = -\infty,\cdots,-1,0,\cdots,\infty \quad (9-1)$$

式中　P_i——覆盖几率。

当用边长为 ε 的小盒子去覆盖分形结构时，P_i 是分形结构中某点落入小盒子的几率。当 q 取不同值时，表示不同分维数。如 $q = 0$，1，2 时，D_q 分别等于豪斯道夫维数 D_0、信息维 D_1 和关联维数 D_2 等。分形具有某种自相似形式，所谓自相似性即指物体的形似，不论采用什么样大小的测量"尺度"，物体的形状不变。而混沌理论中的其他特征量，又可以从一个时间序列预测系统未来的状态。

除了分维数外，对混沌系统的特征描写，还有两个重要的特征量，李亚普洛夫指数（Lyapunov index）和信息熵。李亚普洛夫指数不仅可以表征系统的混沌性，还表明系统在相空间中，邻近轨道的辐散和辐合程度。邻近轨道的离散与否，意味着系统对初始信息的忘却和记忆，即关系可预测性问题。而熵本身是关于信息量的量度。所以，可以用李亚普洛夫指数和柯尔莫哥洛夫熵来解决可预测性期限的定量度量问题。

9.2.3.1　混沌系统最大可预测时间

柯尔莫哥洛夫熵是在相空间中刻画混沌运动最重要的量度，它是根据统计热力学中熵的概念定义的。

A　柯尔莫哥洛夫熵 K

设动力系统的奇怪吸引子在 d 维相空间上的轨道为 $x(t) = \{x_1(t), \cdots, x_d(t)\}$，把相空间划分为 n 个尺寸为 ε^d 的单元，则有单元序列 b_1^*，$\cdots$，b_i^*，$\cdots$，b_n^*。以在时间间隔 τ 观察系统的状态，设 P_i 是 $x(i \cdot \tau)$ 落在第 i 个单元 b_i^* 中的概率 P_i，根据香农公式：

$$K_n = -\sum_{i=0}^{n} P_i \ln P_i \qquad (9-2)$$

它正比于以精度 ε 确定系统在特殊轨道 b_1^*，$\cdots$，b_i^*，$\cdots$，b_n^* 所需要的信息。因此，如果已知系统先前处于 b_1^*，$\cdots$，b_i^*，$\cdots$，b_n^*，则 $(K_{n+1} - K_n)$ 表示要预测系统将会处于单元 b_{n+1}^* 中所需要的附加信息，这意味着 $(K_{n+1} - K_n)$ 度量了系统从时间 $(n-1)\tau$ 到 $n\tau$ 的信息损失。

柯尔莫哥洛夫熵 K 定义为信息的平均损失率为：

$$K = \lim_{\tau \to 0} \lim_{\varepsilon \to 0} \lim_{n \to \infty} \frac{1}{n\tau} \sum_{i=1}^{n} (K_{i+1} - K_i)$$

$$= -\lim_{\tau \to 0} \lim_{\varepsilon \to 0} \lim_{n \to \infty} \frac{1}{n\tau} \sum_{i=1}^{n} P_i \ln P_i \qquad (9-3)$$

K 在混沌的度量中是很有用的。对于保守系统，$K = 0$；在随机系统中，$K = \infty$；若系统表现出确定性混沌，则 K 是大于零的常数。K 越大，那么信息的损失率越大，系统的不确定性越大，混沌程度越大，或说系统越复杂。

B   混沌系统最大可预测时间

对混沌系统，根据柯尔莫哥洛夫熵 K 决定了系统可预测的最大时间 T，设时刻 t 的信息量 $I(t)$，经过时间 Δt 后的信息量为 $I(t + \Delta t)$，则有

$$I(t + \Delta t) = I(t) - K \cdot \Delta t \qquad (9-4)$$

取 $I(t) = 1$，则当 $I(t + \Delta t) = 0$ 时的 Δt 为最大可预测时间 T，代入式 $(9-4)$，有

$$T = \frac{1}{K} \qquad (9-5)$$

最大可预测时间 T 的含义是，只有在 $\Delta t < T$ 时所做的预测才是精确的。这是就轨道意义而言的，它并不意味"超过 T 后不能预测，长期预测不可预测"，而是指在 $\Delta t > T$ 后只能做出统计预测。

9.2.3.2   计算模型

A q 阶 Renyi 熵 K_q

分形理论中定义了广义维数 D_q，这里仅对 $q = 2$ 时进行说明，当 $q = 2$ 时，式 $(9-1)$ 变为：

$$D_2 = \lim_{\varepsilon \to 0} \frac{\log \sum_{i=1}^{N(\varepsilon)} P_i^2}{\log \varepsilon} \qquad (9-6)$$

时间序列关联维数的算法，它首先要对时间序列进行相空间重构，序列中相连的 m 个点作为 m 维相空间中的一个矢量点，也就是柯尔莫哥洛夫熵 K 定义中的轨迹点。根据柯尔莫哥洛夫熵 K 定义，设 n_i 是轨道点列（共 N 个点）在第 i 个单元 b_i^* 中的点数，则有

$$P_i = \lim_{N \to \infty} \frac{n_i}{N} \qquad (9-7)$$

考虑单元 b_i^* 中的点，因单元的尺寸为 ε，所以各点组成的"点对"间距离都小于 ε，共有"点对"数为 $x_i^2 - x_i$（"点对" (x_i, x_i) 不包括在内），则：

$$D_2 = \lim_{\varepsilon \to 0} \frac{\ln C_m(\varepsilon)}{\ln \varepsilon} \tag{9-8}$$

式中 $C_m(\varepsilon)$ ——所有单元中"点对"间距离都小于 ε 的"点对"占所有"点对"的比例，所以

$$C_m(\varepsilon) = \lim_{N \to 0} \frac{1}{N^2} \sum_{i=1}^{n} (n_i^2 - n_i)$$

$$= \sum_{i=1}^{n} \left(\lim_{N \to 0} \frac{n_i^2}{N^2} - \lim_{N \to 0} \frac{n_i}{N^2} \right)$$

$$= \sum_{i=1}^{n} \left(P_i^2 - \lim_{N \to 0} \frac{n_i}{N^2} \right)$$

$$\approx \sum_{i=1}^{n} P_i^2 \tag{9-9}$$

Renyi 熵 K_q 是仿照广义维数的形式定义的

$$K_q = -\lim_{\varepsilon \to 0} \lim_{n \to \infty} \left(\frac{1}{q-1} \frac{1}{n\tau} \log \sum_{i=1}^{n} P_i^q \right) \tag{9-10}$$

当 $q = 1$ 时，因 $q - 1 \to 0$ 和 $\log \sum_{i=1}^{n} P_i^q = \log \sum_{i=1}^{n} P_i = \log 1 \to 0$。所以，当 $q \to 1$ 时，对式（9-10）应用罗比塔法则得：

$$K_q = -\lim_{q \to 1} \lim_{r \to 0} \lim_{n \to \infty} \left[\frac{1}{n\tau} \frac{(\log \sum_{i=1}^{n} P_i^q)'}{(q-1)'} \right]$$

$$= -\lim_{q \to 1} \lim_{r \to 0} \lim_{n \to \infty} \left(\frac{1}{n\tau} \frac{\sum_{i=1}^{n} P_i^q \ln P_i}{\sum_{i=1}^{n} P_i^q} \right)$$

$$= -\lim_{r \to 0} \lim_{n \to \infty} \left(\frac{1}{n\tau} \sum_{i=1}^{n} P_i \ln P_i \right)$$

$$= K \tag{9-11}$$

可见，K_1 即为柯尔莫哥洛夫熵 K。

当 $q = 2$ 时：

$$K_2 = -\lim_{r \to 0} \lim_{n \to \infty} \left(\frac{1}{n\tau} \ln \sum_{i=1}^{n} P_i^2 \right) \tag{9-12}$$

另外，K_q 具有性质 $K_q \leqslant K_{q+1}$。

B 时间序列的柯尔莫哥洛夫熵近似

如果不知道动力系统的微分方程，柯尔莫哥洛夫熵 K 是难以计算的。由于 K 是 q 阶 Renyi 熵 K_q 的下界 K_1，又因为 $K_1 \leqslant K_2$，所以通常计算 K_2 作为 K 的近似。

设时间序列的时间间隔为 τ_0，当 $\tau = \tau_0$ 时由式（9-9）和式（9-12）得：

$$K_2 = -\lim_{\varepsilon \to 0} \lim_{n \to \infty} \left[\frac{1}{n_m \tau_0} \ln C_m(\varepsilon) \right] \tag{9-13}$$

所以

$$C_m(\varepsilon) \propto \exp(-n_m \tau_0 K_2) \tag{9-14}$$

又有

$$C_{m+1}(\varepsilon) \propto \exp(-n_{m+1} \tau_0 K_2) \tag{9-15}$$

而

$$n_m - n_{m+1} = 1 \tag{9-16}$$

则由式（9-14）~式（9-16）得：

$$K_2 = \lim_{m \to \infty} \lim_{\varepsilon \to 0} \frac{1}{\tau_0} \ln \frac{C_m(\varepsilon)}{C_{m+1}(\varepsilon)} \tag{9-17}$$

C 复杂机械系统状态最大可预测时间

通过上面的论述，求时间序列的最大可预测时间的问题，转化为求 $C_m(\varepsilon)$ 和 $C_{m+1}(\varepsilon)$ 的问题。

如果已知复杂机械系统状态组成的时间序列，根据相空间重构原理，可以得到 m 维相空间中的一系列状态点 y_1，y_2，…，y_N，对于给定的 ε，则有：

$$C_m(\varepsilon) = \frac{1}{N^2} \sum_{\substack{i,j=1 \\ i \neq j}}^{N} \theta[\varepsilon - \mathrm{d}(y_i, y_j)] \tag{9-18}$$

式中 $\mathrm{d}(y_i, y_j)$——y_i, y_j 间的某种距离。

$$\theta(x) = \begin{cases} 1 & x > 0 \\ 0 & x \leqslant 0 \end{cases} \tag{9-19}$$

对于时间序列，先在无标度区内固定一个 ε，按式（9-18）求出对应 $m = 2, 3, \cdots$ 的 $C_m(\varepsilon)$，按下式可以求出 $K_2(m, \varepsilon)$：

$$K_2(m, \varepsilon) = \frac{1}{\tau_0} \ln \frac{C_m(\varepsilon)}{C_{m+1}(\varepsilon)} \tag{9-20}$$

当 $K_2(m, \varepsilon)$ 的值不随 m 的增大而改变时，记为 $K_2(m_0, \varepsilon)$，m_0 是使 $K_2(m, \varepsilon)$ 对 m 达到饱和的最小值。然后，在无标度区内减小 ε 的值，再按上述方法求出与 ε 对应的 $K_2(m_0, \varepsilon)$，当 $K_2(m_0, \varepsilon)$ 不随 ε 而改变时的值即为 K_2 的估计值。

因此，复杂机械系统状态的最大可预测时间 T：

$$T \approx \frac{1}{K_2} \tag{9-21}$$

有关复杂机械系统状态最大可预测时间的计算框图如图 9-2 所示。

实际计算 K_2 时，通常对式（9-20）做如下的处理：

$$K_2(m, \varepsilon) = \frac{1}{k\tau_0} \ln \frac{C_m(\varepsilon)}{C_{m+k}(\varepsilon)} \tag{9-22}$$

式中，$k = 1, 2, \cdots$，一般取 $k = 2$ 或 3 即可。

D 预测的可信度

随着预测远离当前时刻，预测的可信度将逐渐降低，当超出最大可预测时间 T 时，预测的可信度降为零。利用柯尔莫哥洛夫熵可以确定第 j 个预测点的可信度 e：

$$e = 1 - j \cdot k \approx 1 - j \cdot k_2 \tag{9-23}$$

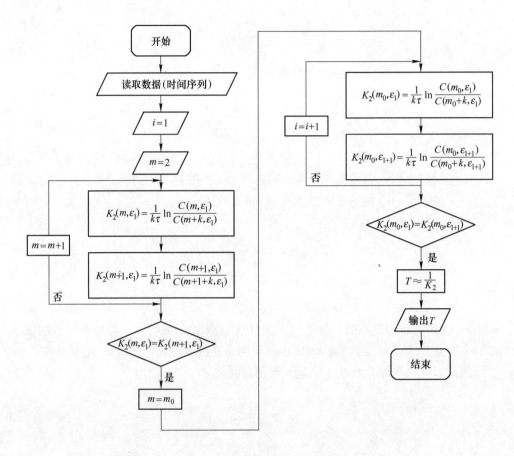

图 9 - 2　复杂机械系统状态最大可预测时间计算框图

9.3　基于混沌的复杂机械系统状态预测

9.3.1　复杂机械系统状态预测

复杂机械系统本身是非线性的，其动力学特性也是比较复杂的。例如，矿用汽车发动机是一个由进气系统、排气系统、冷却系统、润滑系统、点火系统等子系统构成的复杂机械系统，这些子系统除了在内部之间通过能量和动量交换，通过物理化学变化进行不同层次的线性和非线性的相互作用之外，还受到许多外界因素的影响，最终的输出结果——功能输出和附加输出是比较复杂的，它不是单一状态因素的简单叠加。

传统研究动力系统的方法有两种：

（1）从动力学原理导出确定性方程，确定初始条件，将方程向前积分。

（2）当无法从动力学原理导出确定性方程，或初始条件不可知时，把动力过程作为随机过程来描述。

这两种方法似乎是互相分离，从不重叠的。第一种方法实际上是对确定性系统的计算，由于各项因素指标的确定性，它的预测结果也是固定的。而第二种方法则与其相反，其预测结果不具有确定性。对动力系统的预测，是基于上述两种方法进行的。

就复杂机械系统而言，一般采用第二种方法。由于零部件太多又涉及多种物理化学过程，所以，很难得到其动力学方程，即使能得到方程，也只能是简化之后的，并且初始条件也是难以获得的。所以，在目前的技术条件下对复杂机械系统进行状态预测利用第一种方法是走不通的。在实际生产中，同一厂家生产（或大修）的同一型号的设备，在同样的条件下使用相同的时间之后，所处的状态（或发生的故障）却不同。第二种方法对这种现象的解释是：这些设备的初始状态是相同的，因其动力过程是随机的，结果也就有很大的随机性。以此为基础，对系统的状态预测只能依靠统计方法进行。

混沌的发现为确定性系统和随机过程之间架起了桥梁，它可以很好地对上述现象进行解释：尽管这些设备都达到了某种标准，但就其初始条件而言，仍是不同的（可能是细小的差异）。系统的最终结果呈现随机性是由于初始条件（内因和外因）的随机性造成的，但动力方程是确定性的。混沌把两种观点很好地进行了融合，既考虑了系统的确定性，又考虑初始条件的随机性。

对于时间序列，研究其混沌现象的有力工具就是相空间重构。在不知道应去测量哪些变量而只知道一个数据序列的情况下，或者在不能直接测量深层的自变量而仅仅有表现于现象上的数据序列的情况下，利用时间序列的相空间重构可以保存系统的许多性质，在此基础上建立动力系统的非线性模型并进行预测。

若嵌入相空间维数为 m，那么能否从 m 个点 x_t，$x_{t-\tau}$，$x_{t-2\tau}$，$\cdots$，$x_{t-(m-1)\tau}$ 来预测 $x_{t+\tau}$，即

$$x_{t+\tau} = f\left[x_t, x_{t-\tau}, \cdots, x_{t-(m-1)\tau}\right] \tag{9-24}$$

这就是所谓的基于混沌的复杂机械系统状态预测的基本模型。在下面的章节中，就具体讨论基于相空间重构的 GMDH 方法在复杂机械系统状态预测中的应用。

传统的统计预测方法，尽管在拟合历史数据时，具有较好的拟合效果，但当把所建立的模型用于具体预测时，则往往出现较大的误差。究其原因，主要是传统的统计预测方法，总是把预测对象随时间推移呈动态变化的时变参数系统看成为非时变参数系统，预测中采用固定参数的缘故。统计建模方式有这样一个缺点：当建模者事先无法发现或猜测出一个复杂系统的因变量和变量之间所应该满

足或近似满足的函数关系；或虽然可以确定所构造模型的函数关系，但是赖以建模的数据太少，则无法根据资料来建模，或所建立的模型根本就不具有实用价值，所建立的模型是根本无法用来进行预测的。

而 GMDH 方法避免了这种缺点，即所建立的模型不应该带有任何人为偏见，只根据数据来客观地建立模型。该方法是用来对非线性复杂系统进行数据分析的一种有效方法，尤其是当所分析的数据不足的时候。这种适用于多变量之间的建模的数学思想基础仍然是回归方法，即找出模型因变量 y 和变量 $x_i (i = 1, 2, \cdots, m)$ 之间的函数关系。但与传统的回归建模方法有所不同的是，GMDH 回归方程的阶数是根据某些判断而自动给出，而不是事先人为地给出。该方法具有仿照生物有机体演化的遗传选择特点。

9.3.2 GMDH 的发展

9.3.2.1 GMDH 的发展背景

GMDH（Grouped Method of Data Handling）方法是由 A. G. Ivakhnenko 根据控制论中的自组织原理提出的，GMDH 的特点是能够根据输入/输出变量间的原始信息对所构造的模型进行自选择。利用 GMDH 方法构建的网络，具有类似于神经网络的结构，用多项式作为数据处理的基本形式，并在结构上有自组织和全局优选的特性，非常适合复杂系统的建模。

9.3.2.2 GMDH 的特点

同神经网络类似，GMDH 算法也是基于以下两个基本思想的：（1）以分析黑箱的方法处理系统的输入输出关系；（2）用网络间的互联关系描述网络的功能。但相对于传统的神经网络算法，GMDH 算法有如下优点：

（1）可以得到由明确的函数解释式表达的模型结果。很多时候，希望建立的模型能够揭示各变量间的相互作用和依赖程度，但传统的 BP 神经网络模型难以给出实际的物理意义，特别是它无法回答"为什么"和"怎么样"的问题，限制了神经网络在系统因素分析方面的应用。而自组织的 GMDH 网络综合了神经网络和统计建模的思想，能够给出函数式表达的结果，甚至是其他建模方法难以达到的多变量高次回归方程。

（2）建模过程自组织控制，不需要任何初始假设。统计学模型和通常的神经网络建模过程，往往需要根据经验对模型输入变量和模型结构做一些事先假定，然后反复验证，找出满意的模型。GMDH 网络则允许上百的输入变量，再以大量的变量逐层产生大量待选模型，算法根据数据驱动寻找对被解释变量有实质影响的输入项，自组织生成最优网络结构，尽量减少建模者主观因素的影响。

（3）最优复杂度以及高预测精度。在小样本或者数据噪声较大的情况下，通常的神经网络会产生对噪音的过拟合，降低泛化功能，而 GMDH 网络的最优复杂特性保证了其能从近似的、不确定的，甚至是相互矛盾的知识环境中做出决策，也因其同时避免了模型结构的过拟合和不足拟合，模型更加接近系统的真实情况，从而具有更高的预测可靠性。

9.3.3　GMDH 方法

对 n 个数据，x_1，x_2，$\cdots$，x_n，称为输入变量，若要建立一个高阶回归模型

$$y = f(x_1, x_2, \cdots, x_n) \tag{9-25}$$

式中　y——输出变量。

GMDH 方法不是直接建立式（9-25），而是首先对输入变量中的每一对 x_i 和 x_j 以及输出变量之间建立一个二元二次回归方程。

设系统的输入为 x、输出为 y，数据点数为 n，变量数为 m，把数据分为训练样本和检验样本，训练样本的数目为 nt，系统输入输出变量矩阵见式（9-26），整个建模过程如下所述：

$$
\begin{array}{c|cccc}
y & & x & & \\
\hline
y_1 & x_{11} & x_{12} & \cdots & x_{1m} \\
y_2 & x_{21} & x_{22} & \cdots & x_{2m} \\
\cdots & \cdots & \cdots & \cdots & \cdots \\
\cdots & \cdots & \cdots & \cdots & \cdots \\
y_{nt} & x_{nt,1} & x_{nt,2} & \cdots & x_{nt,m} \\
\cdots & \cdots & \cdots & \cdots & \cdots \\
y_n & x_{n,1} & x_{n,2} & \cdots & x_{n,m} \\
\end{array} \tag{9-26}
$$

(A) 对应上半部分，(B) 对应下半部分；(a) 对应 y 列，(b) 对应 x 列

9.3.3.1　第一步回归计算

矩阵中，式（9-26）中的（a）表示因变量的取值，即系统的输出；式（9-26）中的（b）表示变量的取值，即系统的输入；式（9-26）中的（A）和（B）部分分别为训练矩阵和检验矩阵。对矩阵输入变量中的每一对 x_i 和 x_j 与输出变量 y 进行如下的多项式回归：

$$y = A + Bx_i + Cx_j + Dx_i^2 + Ex_j^2 + Fx_ix_j \quad (i \neq j, 1 \leqslant (i,j) \leqslant m) \tag{9-27}$$

回归后，就可以从原始数据产生 $k = \binom{m}{2} = m(m-1)/2$ 个较高阶回归多项式，令：

$$z = a_0 + b_0 x_i + c_0 x_j + d_0 x_i^2 + e_0 x_j^2 + f_0 x_i x_j \tag{9-28}$$

则可以从式（9-26）中的（b）部分里算出以下的新矩阵：

z_1	z_2	$\cdots$	z_k
$z_{11}(x_{11}, x_{12})$	$z_{12}(x_{11}, x_{13})$	$\cdots$	$z_{1k}(x_{1(m-1)}, x_{1m})$
$z_{21}(x_{21}, x_{22})$	$z_{22}(x_{21}, x_{23})$	$\cdots$	$z_{2k}(x_{2(m-1)}, x_{2m})$
$\vdots$	$\vdots$	$\vdots$	$\vdots$
$z_{nt1}(x_{nt1}, x_{nt2})$	$z_{nt2}(x_{nt1}, x_{nt3})$	$\cdots$	$z_{ntk}(x_{nt(m-1)}, x_{ntm})$

$$(9-29)$$

9.3.3.2　第二步优化选择

这一步是用 z 所对应的列（新变量）代替 x 所对应的列（老变量），以评价它与检验矩阵中 y 的关系。具体方法如下：

用矩阵中的检验矩阵（9-26）中的（B）里的因变量 y 的矩阵元值，与矩阵（9-30）里的对应元素值按列计算以下的均方根值：

$$r_j = \left[\frac{\sum_{i=nt+1}^{n} (y_i - z_{ij})^2}{\sum_{i=nt+1}^{n} y_i^2} \right]^{\frac{1}{2}} \quad j = 1, 2, \cdots, k \tag{9-30}$$

这里根据矩阵取检验矩阵（B）的序号从 $nt+1$ 至 n。

根据调试或经验取一个 L 值，从矩阵中去掉那些 $r_j \geqslant L$ 的列。设有 k' 列满足 $r_j < L$ 这一条件，将这 k' 列所组成的新矩阵记为 $z_{k'}$，用 $z_{k'}$ 取代矩阵（9-26）中的（b）部分作为新变量，从而组成新的矩阵，其中 $k < m$。

9.3.3.3　第三步优化检验计算

从第二步，可以找出最小的 r_j，记为 $R_{\min}$。再以 z 为变量，重复上述一、二步的过程，求出 R_{min}，如果产生的 R_{min} 比上次产生的 R_{min} 小，再重复一、二步的计算过程，直至产生的 R_{min} 比上一次产生的要大，就可以停止计算。

实验证明，计算过程中产生的 R_{min} 如图 9-3 所示。从图上可以看出，对于该 R_{min} 曲线，在迭代 4 次后就可以停止计算。矩阵 z 的第一列将包含由如下 Ivakhneko 多项式产生的 $\bar{y}_i$ 值：

$$\bar{y}_1 = a + \sum_{i=1}^{m} b_i x_{1i} + \sum_{i=1}^{m} \sum_{j=1}^{m} c_{ij} x_{1i} x_{1j} + \cdots$$

$$\bar{y}_2 = a + \sum_{i=1}^{m} b_i x_{2i} + \sum_{i=1}^{m} \sum_{j=1}^{m} c_{ij} x_{2i} x_{2j} + \cdots \qquad (9-31)$$

$$\vdots$$

$$\bar{y}_n = a + \sum_{i=1}^{m} b_i x_{ni} + \sum_{i=1}^{m} \sum_{j=1}^{m} c_{ij} x_{ni} x_{nj} + \cdots$$

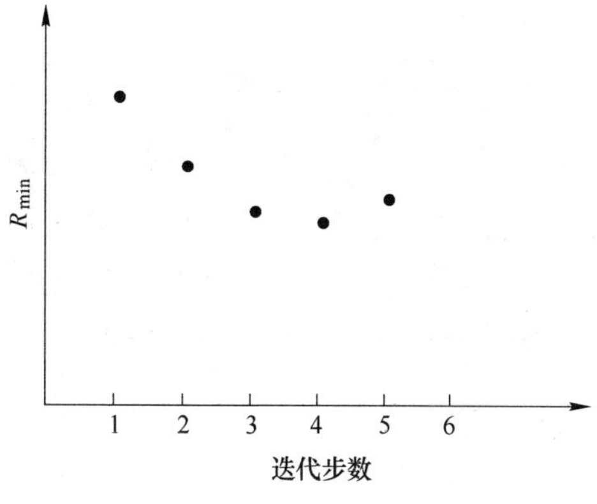

图 9-3　迭代步数判断标准

这些值将由原始的 n 个数据点得到。也就是说，矩阵 z 的第一列是由变量求得的预测结果。为了从原始数据序列变量 x_1，x_2，$\cdots$，x_m 中找到这些 Ivakhneko 多项式的回归系数 a，b_i，c_{ij}，d_{ijk}，$\cdots$，在每一次迭代过程当中必须保存多项式 $y = A + Bu + Cv + Du^2 + Ev^2 + Fuv$ 的回归系数，并且系统地评价二次项树，直至达到一个高阶方程。由于计算机的高速发展，可以把所有二次多项式的回归系数存储在计算机里面，最后可以从这些二次多项式求出预测值。GMDH 多项式树如图 9-4 所示。

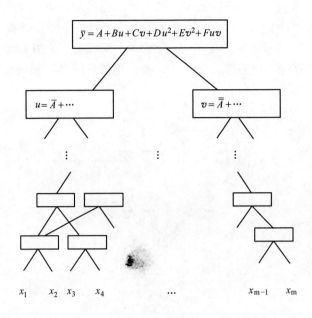

图 9 – 4　GMDH 多项式树示意图

图 9 – 5 所示为 Ivakhneko 多项式树图，多项式中所含的变量数为 4，则多项式方程为：

$$y = 1 + u + 2v + 2u^2 + 4v^2 + 2uv$$

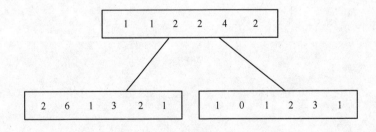

图 9 – 5　GMDH 多项式树示意图

其中：

$$u = 2 + 6x_1 + x_2 + 3x_1^2 + 2x_2^2 + x_1x_2$$

$$u = 1 + x_4 + 2x_3^2 + 3x_4^2 + x_3x_4$$

多项式包含 m 个变量中的 4 个变量 x_1，x_2，x_3，x_4，$m \geq 4$。到底保留哪些变量由程序自动判别。

由此可以看出，GMDH 方法是一种主动式的高阶非线性回归建模方法，它通过简单的二元二次回归原理来构造出下一代较为复杂的次级回归方程，并且利用"优选原理"淘汰掉次级回归方程中的那些不理想的项；通过不断迭代，可以较轻易地获得能较客观描写复杂非线性系统的非线性模式，并避免求解进行标准高阶非线性回归所要求解的"病态"高阶回归方程；最终的回归模式的幂次是根据资料和有关的判据客观、自动地给出，而不是像标准的回归方法那样是事先人为地给出回归方程的形式。

9.3.4 基于相空间重构的 GMDH 方法在复杂机械系统状态预测中的应用

传统的统计预测理论一般是基于时间这一"一维"空间的。由于一维空间无法容纳分数维大于 1 的吸引子，将丢失许多关于吸引子演化的重要信息。为此，这里在数据处理的组合法（GMDH）的基础上，将它与相空间重构理论相结合，提出一种基于相空间重构的 GMDH 方法。

9.3.4.1 相空间重构

在时间序列分析中，无论是研究其分形特征或混沌特征，首先要利用数据资料重构相空间提取系统物理特征量，即相空间重构。

由于目前对所研究对象的动力因素，性质以及内在关系几乎一无所知，故若能利用时间序列反演出某些能够近似描写系统运动的动力模式是很有意义的。通过相空间重构，可以把原时间序列所对应的系统在吸引子上的行为用相轨迹加以描述，从而对系统的演化行为作出模拟。

对时间序列 $\{x(t_i)\}$ $(i=1,2\cdots,n)$ 所表征的吸引子，设嵌入维数为 d，延迟时间为 τ，将该时间序列进行相空间重构：

$$
\begin{matrix}
x(t_n) & x(t_{n-1}) & \cdots & x(t_1+(d-1)\tau) \\
x(t_n-\tau) & x(t_{n-1}-\tau) & \cdots & x(t_1+(d-2)\tau) \\
\vdots & \vdots & \vdots & \vdots \\
x(t_n-(d-1)\tau) & x(t_{n-1}-(d-1)\tau) & \cdots & x(t_1)
\end{matrix}
\tag{9-32}
$$

9.3.4.2 基于相空间重构的 GMDH 方法

将 GMDH 方法应用于 d 维相空间，就构成了所谓的基于相空间重构的 GMDH 方法。将式（9-32）所示矩阵重新写成如下形式：

$y = x_1$	x_2	$\cdots$	x_{d-1}	x_d
$x(t_n)$	$x(t_n - \tau)$	$\cdots$	$x(t_n - (d-2)\tau)$	$x(t_n - (d-1)\tau)$
$x(t_{n-1})$	$x(t_{n-1} - \tau)$	$\cdots$	$x(t_{n-1} - (d-2)\tau)$	$x(t_{n-1} - (d-1)\tau)$
$\vdots$	$\vdots$	$\vdots$	$\vdots$	$\vdots$
$x(t_m)$	$x(t_m - \tau)$	$\cdots$	$x(t_m - (d-2)\tau)$	$x(t_m - (d-1)\tau)$
$x(t_{m-1})$	$x(t_{m-1} - \tau)$	$\cdots$	$x(t_{m-1} - (d-2)\tau)$	$x(t_{m-1} - (d-1)\tau)$
$\vdots$	$\vdots$	$\vdots$	$\vdots$	$\vdots$
$x(t_1 + (d-1)\tau)$	$x(t_1 + (d-2)\tau)$	$\cdots$	$x(t_1 + \tau)$	$x(t_1)$

（B）部分对应上半；（A）部分对应下半。

$$(9-33)$$

(a)　　　　　　　　　(b)

矩阵（9-33）中，（a）表示因变量的取值，即系统的输出；（b）表示变量的取值，即系统的输入；（A）和（B）部分分别为训验矩阵和检验矩阵。对矩阵输入变量中的每一对 x_i 和 x_j 与输出变量 y 进行如下的多项式回归：

$$y = a_0 + b_0 x_i + c_0 x_j + d_0 x_i^2 + e_0 x_j^2 + f_0 x_i x_j \quad (i \neq j, 2 \leqslant (i,j) \leqslant d) \quad (9-34)$$

这将产生 $(d-1)(d-2)/2$ 个较高阶变量 z_i，令：

$$z = a_0 + b_0 x_i + c_0 x_j + d_0 x_i^2 + e_0 x_j^2 + f_0 x_i x_j$$

则可以从矩阵（9-33）的（b）部分里算出以下的新矩阵：

z_1	z_2	$\cdots$	$z_{k'}$
z_{11} (x_2, x_3)	z_{12} (x_2, x_4)	$\cdots$	$z_{1k'}$ (x_{d-1}, x_d)
z_{21} (x_2, x_3)	z_{22} (x_2, x_4)	$\cdots$	$z_{2k'}$ (x_{d-1}, x_d)
$\vdots$	$\vdots$	$\vdots$	$\vdots$
$z_{n'1}$ (x_2, x_3)	$z_{n'2}$ (x_2, x_4)	$\cdots$	$z_{n'k'}$ (x_{d-1}, x_d)

$$(9-35)$$

其中：
$$k' = (d-1)(d-2)/2$$

$$n' = n - (d - 1)\tau/\Delta t$$

这里的 Δt 为间隔时间，而延迟时间 τ 通常取为 Δt。

用矩阵（9-33）中的检验矩阵里的因变量 $y = x_1$ 的矩阵元值，与矩阵里的对应元素值按列计算以下的均方根值：

$$r_j = \left[\frac{\sum\limits_{i=m+1}^{n'} (x_{1i} - z_{ij})^2}{\sum\limits_{i=m+1}^{n'} x_{1i}^2} \right]^{\frac{1}{2}} \quad j = 1,2,\cdots,k' \qquad (9-36)$$

这里根据矩阵（9-33）取检验矩阵（B）的序号从 $m+1$ 至 n'。

根据调试或经验取一 L 值，从矩阵中去掉那些 $r_j \geqslant L$ 的列。设有 k'' 列满足 $r_j < L$ 条件，将这 k'' 列所组成的新矩阵记为 $z_{k''}$，用 $z_{k''}$ 取代矩阵（9-33）中的（b）部分，从而组成新的矩阵：

$$
\begin{array}{c|c|c}
\text{(A)} & y = x_1 & z_1 z_2 \cdots z_{k''} \\
\hline
 & & \\
\hline
\text{(B)} & & \\
\end{array}
\qquad (9-37)
$$

由于已经运用了优选法（去掉 $r_i \geqslant L$ 的列），故可认为矩阵（9-37）里的 z 是比矩阵（9-33）里的 $x_2, \cdots, x_d$ 具有更好预报能力的变量。把 z 称为系统自组织的第二代产物。记 r_j 的最小值为 $R_{\min}$。

对矩阵（9-37）进行如下运算：

（1）回归：

$$y = a_1 + b_1 z_i + c_1 z_j + d_1 z_i^2 + e_1 z_j^2 + f_1 z_i z_j$$

$$i \neq j; 1 \leqslant (i,j) \leqslant k''$$

（2）计算：

$$u_{i,j} = a_1 + b_1 z_i + c_1 z_j + d_1 z_i^2 + e_1 z_j^2 + f_1 z_i z_j$$

（3）计算：

$$r_j^{(2)} = \left[\frac{\sum\limits_{i=m+1}^{n'} (y_i - u_{ij})^2}{\sum\limits_{i=m+1}^{n'} y_i^2} \right]^{\frac{1}{2}}$$

并求出其最小的 $r_j^{(2)}$ 值，记为 $R_{\min}$。

（4）去掉矩阵 $u_{i,j}^{(2)}$ 中 $r_j^{(2)} \geq L$ 的那些列，用所余下的那些列所组成的矩阵取代矩阵 $u_{i,j}$。从而产生第三变量 u。

（5）重复（1）~（4）步骤，直至 $R_{\min}$ 从下降变为上升，便认为 $R_{\min}$ 曲线降到了它的最低点。记最小的 $R_{\min}$ 所对应的迭代次数为 W，与其对应的回归方程为：

$$y = A^W + B^W Q + C^W V + D^W Q^2 + E^W V^2 + F^W QV$$

综上所述，可知预测模式的形式为：

$$y_{预测} = A + \sum_{i=2}^{d-1} B_i x_i + \sum_{i=2}^{d-1} \sum_{j=2}^{d-1} C_{ij} x_i x_j + \cdots \tag{9-38}$$

由此可以看出，GMDH 方法是一种主动式的高阶非线性回归建模方法，它通过简单的二元二次回归原理来构造出下一代较为复杂的次级回归方程，并且利用"优选原理"淘汰掉次级回归方程中的那些不理想的项；通过不断迭代，可以较容易地获得能较客观描写复杂非线性系统的非线性模式，并避免求解标准高阶非线性回归所要求解的"病态"高阶回归方程；最终的回归模式的幂次是根据资料和有关的判据客观、自动地给出，而不是像标准的回归方法那样是事先人为地给出回归方程的形式。

9.4   未知信息下的系统不确定性计算

9.4.1   基于未确知信息的描述方法

以随机变量为例，工程实际中随机变量往往表现为在某个有限区间上的概率密度分布，从微分学上来看概率密度就是极微小区间上的概率的集合，用"较窄区间"上概率的集合来表达随机变量的分布就是用盲数表达随机变量的基本思想。这个"较窄区间"是用工程尺度来衡量的，不是数学上的无穷小，这使得随机变量的数值表达变得容易实现。用这个思想可以实现其他已知分布类型和分布参数的不确定变量的盲数化，例如模糊量和灰量等。

对于未知分布的不确定变量，可以通过针对该变量的试验数据来表达出该变量的盲数形式，其中对随机变量的处理程序如图 9-6 所示。

例如对某批钢材的抗拉强度进行了 50 次试验，屈服极限最大为 398.5MPa 最小为 412.3MPa，屈服点在每个数值区间上出现的次数分布见表 9-1。区间划分的数目根据需要可多可少，根据每个区间上出现屈服极限值次数的多少和自己的工程经验，给出屈服极限值出现在该区间上的可信度。这样就可以把自己的主观的工程经验带入到对不确定量的表达上（表 9-1 第 3 行）；如果缺少工程经验，

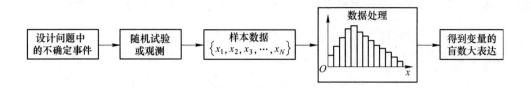

图 9-6　未知分布的随机变量的盲数化过程

则可以严格按照客观数据确定屈服极限值出现在每个区间上的可信度（表 9-1第 4 行）。如果采用经典的概率统计理论来表达这个不确定量，则必须对实验数据进行分布类型和分布参数的估计运算，并且还需要大量的实验数据才能保证估计的可靠性。有时候大量的实验数据是不可能得到的，这就会使估计结果变得不可靠了，盲数则可避开这个问题。

表 9-1　对屈服极限测量数据的处理

出现次数	1	1	3	7	12	11	8	4	2	1
屈服点值 /MPa	398 ~ 399.5	399.5 ~ 401	401 ~ 402.5	402.5 ~ 404	404 ~ 405.5	405.5 ~ 407	407 ~ 408.5	408.5 ~ 410	410 ~ 411.5	411.5 ~ 413
包含经验的可信度	0.007	0.028	0.079	0.159	0.226	0.226	0.159	0.079	0.028	0.007
不含经验的可信度	0.02	0.02	0.06	0.14	0.24	0.22	0.16	0.08	0.04	0.02

　　对于已知分布类型和分布参数的随机变量，盲数的处理方法是用以均值为中心，分布累积概率达到 3σ 要求（99.73%）的有限区间代替变量分布的无限区间，把这个有限区间分成相互连接的多个等宽度区间并计算各个小区间上的累积概率，使用各个小区间上的累积概率表示相应区间上的可信度，这样随机变量的表达就被盲数化了。如果追求更高的可靠性，可以使用累积概率达到 6σ 要求的有限区间代替变量分布的无限区间，并且增加划分区间的数目。

　　盲数对其他不确定量的表达也是采用类似于盲数对随机量的表达方法。盲数这种从微观上的表述方式打破了各种不确定量之间的藩篱，提高了盲数解决含有多种不确定量的优化问题的能力。

9.4.2 基于盲数的系统不确定性计算方法

盲数及其运算规则，是在未确知数学雏形基础上，由刘开弟等发展和建立起来的。设 $\alpha_i \in g(I)$，$0 < \alpha_i \leq 1 (i = 1, 2, \cdots, m)$，$f(x)$ 为定义在 $g(I)$ 上的灰函数，且

$$f(x) = \begin{cases} \alpha_i & x = x_i \ (i = 1, \ 2, \ \cdots, \ m) \\ 0 & \text{其他} \end{cases} \tag{9-39}$$

若当 $i \neq j$ 时，$x_i \neq x_j$，且 $\sum\limits_{i=1}^{m} \alpha_i = \alpha \leq 1$，则称函数 $f(x)$ 为一个盲数，称 α_i 为 $f(x)$ 的 x_i 值得可信度，α 为盲数的总可信度，n 为 $f(x)$ 的阶数。定义盲数运算如下：

设 $*$ 表示盲数四则运算 $+$、$-$、$\times$、$\div$ 的任一种，设盲数 A，B

$$A = f(x) = \begin{cases} \alpha_i & x = x_i \ (i = 1, \ 2, \ \cdots, \ m) \\ 0 & \text{其他} \end{cases} \tag{9-40}$$

$$B = f(x) = \begin{cases} \beta_j & y = y_j \ (j = 1, \ 2, \ \cdots, \ n) \\ 0 & \text{其他} \end{cases} \tag{9-41}$$

则

x_1	$x_1 * y_1$	$\cdots$	$x_1 * y_j$	$\cdots$	$x_1 * y_n$
$\vdots$	$\vdots$		$\vdots$		$\vdots$
x_i	$x_i * y_1$	$\cdots$	$x_i * y_j$	$\cdots$	$x_i * y_n$
$\vdots$	$\vdots$		$\vdots$		$\vdots$
x_m	$x_m * y_1$	$\cdots$	$x_m * y_j$	$\cdots$	$x_m * y_n$
$*$	y_1	$\cdots$	y_j	$\cdots$	y_n

称为 A 关于 B 的可能值带边 $*$ 矩阵，x_1，x_2，$\cdots$，x_m 和 y_1，y_2，$\cdots$，y_n 分别是 A 与 B 的可能值序列。互相垂直的两条直线称为纵轴和横轴。第一象限元素构成的 $m \times n$ 阶矩阵叫做 A 关于 B 在 $*$ 运算下的可能值 $*$ 矩阵，简称可能值 $*$ 矩阵。而

α_1	$\alpha_1 * \beta_1$	$\cdots$	$\alpha_1 * \beta_j$	$\cdots$	$\alpha_1 * \beta_n$
$\vdots$	$\vdots$		$\vdots$		$\vdots$
α_i	$\alpha_i * \beta_1$	$\cdots$	$\alpha_i * \beta_j$	$\cdots$	$\alpha_i * \beta_n$
$\vdots$	$\vdots$		$\vdots$		$\vdots$
α_m	$\alpha_m * \beta_1$	$\cdots$	$\alpha_m * \beta_j$	$\cdots$	$\alpha_m * \beta_n$
$*$	β_1	$\cdots$	β_j	$\cdots$	β_n

称为 A 关于 B 的可信度带边积矩阵，α_1，α_2，$\cdots$，α_m 和 β_1，β_2，$\cdots$，β_n 分别是 A 与 B 的可信度序列。第一象限元素构成的 $m \times n$ 阶矩阵叫做 A 关于 B 的可信度积矩阵，简称可信度积矩阵。A 关于 B 的可能值 $*$ 矩阵中相同的元素算作一个排成序列：

$$\bar{x}_1, \bar{x}_2, \cdots, \bar{x}_k$$

若 $\bar{x}_i$ 在可能值 $*$ 矩阵中有 S_i 个不同位置，将可信度积矩阵中相对应的 S_i 个位置上的元素之和记为 $\bar{r}_i$，可得序列：

$$\bar{r}_1, \bar{r}_2, \cdots, \bar{r}_k$$

令 $\varphi(x) = \begin{cases} \bar{r}_i & x = \bar{x}_i，(i = 1，2，\cdots，k) \\ 0 & \text{其他} \end{cases}$，称 $\varphi(x)$ 为盲数 A 与 B 之 $*$，记作：

$$A * B = f(x) * g(y) = \begin{cases} \bar{r}_i & x = \bar{x}_i，(i = 1，2，\cdots，k) \\ 0 & \text{其他} \end{cases} \tag{9-42}$$

当 $*$ 分别代表 $+$、$-$、$\times$、$\div$ 时，则分别得到 $A + B$，$A - B$，$A \times B$，$A \div B$。对 $\div$ 运算要求 y_j 的区间不包含实数 $0(j = 1, 2, \cdots, n)$。

a，b 为实数且 $a \leqslant b$，称 $\frac{1}{2}(a + b)$ 为有理灰数 $[a, b]$ 的心，记为：

$$\odot[a, b] = \frac{1}{2}(a + b)$$

盲数 $f(x)$ 的均值：

$$E[f(x)] = \begin{cases} \alpha & x = \dfrac{1}{\alpha}[\odot \sum\limits_{i=1}^{m} \alpha_i x_i] \\ 0 & \text{其他} \end{cases} \qquad (9-43)$$

$E[f(x)]$ 体现的盲数的平均取值,根据数理统计理论,定义盲数方差和标准差为:

$$D[f(x)] = \frac{1}{\alpha} \sum_{i=1}^{m} \{\alpha_i\{\odot x_i - E[f(x)]\}\}^2$$

$$\sigma[f(x)] = \sqrt{D[f(x)]} \qquad (9-44)$$

式中　$\odot x_i$——x_i 的心。

它们体现了盲数 $f(x)$ 的分散程度。一般盲数用它的数值特征表示成 $\{\alpha,$ $[E(f(x)),\sigma(f(x))]\}$,$E(f(x))$ 为盲数的均值,$\sigma(f(x))$ 为盲数的方差。假设由试验得到应力和强度两组离散数据,经整理分析可得到两个盲数,或者已知应力和强度的分布函数,可按一定规则把它们整理成盲数应力 $\tilde{\sigma}$ 和盲数强度 $\tilde{\delta}$,定义其可靠度:

$$\tilde{R} = P(\tilde{\sigma} - \tilde{\delta} > 0) = P(\tilde{\delta}/\tilde{\sigma} > 1) \qquad (9-45)$$

9.4.3 节通过车架的实际静强度盲数可靠度计算,并与传统车架静强度可靠度设计进行了对比分析,验证模型的有效性和实用性。

9.4.3　基于盲数理论的车架结构可靠性计算

传统可靠性设计中,将载荷、材料性能与强度及零部件的尺寸都视为属于某种概率分布的统计量,应用概率与数理统计及强度理论进行可靠性的设计计算。但传统可靠度设计要把随机变量的特征值拟合成某种典型分布,容易造成误差,而且这些性能参数除了有随机性外,还有未确知性,因此用盲数进行处理更符合客观实际。

以某一实际半挂车车型为例,如图 9 - 7 所示。对车架纵梁进行可靠性计算。车架纵梁受集中载荷 P 作用并将其简化成简支梁,显然,力 P、跨度 l、力作用点位置 a 均是随机变量。车架纵梁截面为工字型,参数如下:长 $l = 13730 \pm 14.298\mathrm{mm}$,$\bar{l} = 13730\mathrm{mm}$,$\sigma_i = 4.766\mathrm{mm}$;车架受集中载荷,作用点距前端的距离 $a = 6865 \pm 11.916\mathrm{mm}$,$\bar{a} = 6865\mathrm{mm}$,$\sigma_a = 3.972\mathrm{mm}$;载荷 $\bar{P} = 107220\mathrm{N}$,$\sigma_p = 3532.8\mathrm{N}$;工字钢强度 $\delta = 1171.2\mathrm{MPa}$,$\sigma_\delta = 32.794\mathrm{MPa}$;横梁的截面为:高 $h = 300\mathrm{mm}$,宽 $b = 105\mathrm{mm}$,上下板厚 $t = 10\mathrm{mm}$,腹板厚 $d = 6\mathrm{mm}$。

图9-7 半挂车

车架纵梁进行可靠性计算的传统方法：

$$\frac{I}{C} = \frac{bh^3 - (b-d)(h-2t)^3}{6h} \qquad (9-46)$$

$$M = Pa(l-a)/l$$

式中 C——截面中心轴至底面或顶面的距离，mm；

I——惯性矩，mm^4；

M——弯矩，N·mm。

由上式得：

$$\sigma_M^2 = \text{var}[Pa(l-a)/l] = \left(\frac{\partial M}{\partial P}\right)^2 \sigma_P^2 + \left(\frac{\partial M}{\partial a}\right)^2 \sigma_a^2 + \left(\frac{\partial M}{\partial l}\right)^2 \sigma_l^2$$

列出应力表达式：

$$\overline{S} = \frac{\overline{M}}{(I/C)}$$

$$\sigma_S = \left\{ \left[\frac{1}{(I/C)}\right]^2 \sigma_M^2 + \left[\frac{-\overline{M}}{(I/C)^2}\right]^2 \sigma_{\frac{1}{(I/C)}}^2 \right\}^{\frac{1}{2}} \qquad (9-47)$$

经求解得到应力$\overline{S} = 1001\text{MPa}$，$\sigma_S = 44.6975\text{MPa}$。

将应力、强度分布参数代入联结方程，得：

$$z_R = \frac{\overline{\delta} - \overline{S}}{\sqrt{\sigma_\delta^2 + \sigma_S^2}} = 3.07$$

其可靠度：

$$\tilde{R} = P(\tilde{\sigma} - \tilde{\delta} > 0) = P(\tilde{\delta} / \tilde{\sigma} > 1) = 0.9989$$

应用盲数方法，把上述车架可靠度计算模型以盲数形式表达，编写计算程序。由于盲数在实际计算过程中阶数有急剧增加的趋势，为了减少计算量，在程序实现中进行了降阶处理。另外，对可靠度区间也进行了必要的合并处理。计算程序如图9-8所示，程序运行结果和强度应力干涉图如图9-9所示。两种计算方法参数及结果比较见表9-2。

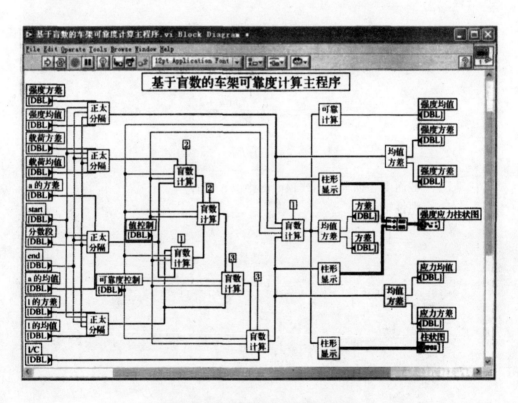

图9-8 基于盲数的车架可靠性计算

表9-2 两种计算方法参数及结果比较

计算方法	静载荷/N	强度/MPa	应力/MPa	可靠度
传统方法	(107220, 3532.8)	(1171.2, 32.794)	(1001, 44.698)	0.9989
盲数方法	(107220, 3487.4)	(1171.2, 32.373)	(1000.9, 32.695)	0.999

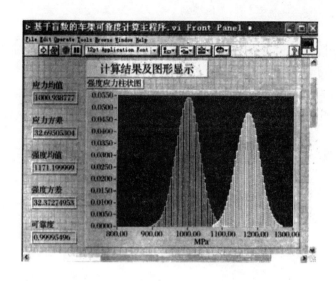

图 9 – 9　基于盲数的车架可靠度计算结果

根据程序运算结果得盲数应力均值 $\tilde{S}^b = 1000.9$，盲数应力方差 $\tilde{\sigma}_S^b = 32.695$，可靠度 $R^b = 0.9999$。

通过以上两种方法对车架可靠度进行了计算，计算结果见表 9 – 2。由于传统可靠度计算都是把实际分布近似看成是某一典型的分布（如正态分布），这在计算过程中就已经有误差的存在，而盲数计算则是对实际数据的处理，其计算结果则更加准确，更符合实际情况。

从基于盲数的算法的规则和算例的结果可以看到这种算法是合理的、正确的，它有如下优点：

（1）这种基于盲数的优化问题的求解方法，基于"跟随"的思想，使设计变量跟随客观环境的变化而变化，更接近最优化。

（2）盲数是从微观的角度来表达不确定量的，这样更易于反映客观实际和不确定性的本质，对未知分布的不确定量表达更灵活，使求解包含各种不确定量的优化问题的能力大大增强。

（3）盲数解不但给出了最优解的范围，而且还给出了最优解在给定范围内取不同值时取得最优设计结果可能性的大小。

（4）盲数解解释了即使采用经过最优化设计的最优解，设计的系统或机械零件仍有失效的可能这一现象。

基于盲数的优化算法为含有不确定量的优化问题的求解提供了一个新的方法，在求解思路方面提供一个新的方向。

9.5　小结

本章基于混沌理论与盲数理论，提出了复杂机械系统的不确定性预测理论。复杂机械系统可看做一个混沌系统，其最大可预测时间与李亚普洛夫指数和柯尔莫哥洛夫熵有关。本章给出了混沌系统最大可预测时间的计算模型。利用基于向空间重构的 GMDH 方法，建立复杂机械系统状态预测的动力学模型。基于盲数理论，建立系统不确定性模型，并给出了算例。

参 考 文 献

[1] Tonon F, Bernardini A, Mammino A. Determination of Parameters Range in Rock Engineering by Means of Random Set Theory [J]. Reliability Engineering & System Safety, 2000, 70 (3): 241 – 261.

[2] Andrien-Renaud C, Sudret B, Lemaire M. The PHI2 Method: A Way to Compute Time-Variant reliability [J]. Reliability Engineering & System Safety, 2004, 84: 75 – 86.

[3] Andre T. Beck, Robert E. Melchers. Barrier Failure Dominance in the Variant Reliability Analysis [J]. Probabilistic Engineering Mechanics, 2005, 20: 79 – 85.

[4] Jiang C, Ni B Y, Han X, et al. Non-probabilistic Convex Model Process: A New Method of Time-Variant Uncertainty Analysis and its Application to Structural Dynamic Reliability Problems [J]. Computer Method in Applied Mechanics and Engineering, 2014, 268: 656 – 676.

[5] Ruey S. Tsay. 金融时变序列分析 (第 3 版) [M]. 王辉, 潘家柱, 译. 北京: 人民邮电出版社, 2012: 245 – 252.

[6] 石博强, 饶绮麟. 地下辅助车辆 [M]. 北京: 冶金工业出版社, 2006.

[7] Mihalache A, Guerin F, Barreau M, et al. Reliability Analysis of Mechatronic Systems Using Censored Data and Petri Nets: Application on an Antilock Brake System (abs) [J]. Annual Reliability and Maintainability Symposium, 2006: 140 – 145.

[8] Sun Shuxia, Zhu Yuxin. Fault-tree Analysis of Automobile Brake System [J]. Journal of Shenyang University of Technology, 2000, 22 (5): 433 – 434.

[9] Moller B, Beer M. Time-dependent Reliability of Textile-strengthened RC Structures under Consideration of Fuzzy Randomness [J]. Computers and Structures, 2006, 84 (8/9): 585 – 603.

[10] Payvar P, Lee Y N, Miokowyca W J. Simulation of Heat Transfer of Flow in Radial Grooves of Friction Pairs [J]. Int J Heat Mass Transfer, 1994, 37 (2): 313 – 319.

[11] Zagrodzki. Analysis of Thermo Mechanical Phenomena in Multi-disc Clutches and Brakes [J]. Wear, 1990, 140: 291 – 308.

[12] Chen W, Allen J K, Mistree F, et al. A Procedure for Robust Design: Minimizing Variation Caused by Noise Factors and Control Factors [J]. ASME Journal of Mesh Design, 1996, 18 (4): 205 – 209.

[13] Hulten J. Some Drum Brake Squeal Mechanisms [J]. SAE Paper 951280, 1995.

[14] Rhee S K, Jacko M G, Tsand P H. The Role of Friction Film in Friction on Wear and Noise of Automotive Brakes [J]. Wear, 1990, 146: 89 – 97.

[15] Hopkins A. Effect of Commercial Oil Additives on Wet Friction System [J]. SAE Paper 831312, 1983, (13).

[16] Friesen T V. Chatter in Wet Brakes [J]. SAE Paper 811318, 1981.

[17] Zagrodzki R. Analysis of Temperatures and Stresses in Wet Friction Disks Involving Thermally Induced Changes of Contact Pressure [J]. SAE Technical Paper 9892025, 1998.

[18] Przemyslaw Zagrodzki. Analysis of Temperatures and Stresses in Wet Friction Disks Involving Thermally Induced Changes of Contact Pressure [J]. SAE Paper No: 982025, 1998.

[19] Franeis E. Kennedy, Dan Fruseseu, Jiaying Li. Thin Film Thermoeouple Arrays for Sliding Surface Temperature Measurement [J]. Wear, 1997, 207: 46 – 54.

[20] Messac, A. Physical Programming: Effective Optimization for Computational Design [J]. AIAA J. 1996, 34: 149 – 158.

[21] Yevtushenko A, Ivanky E. Determination of Temperatures for Sliding Contact with Applications for Braking Systems [J]. Wear, 1997, 206 (12): 53 – 59.

[22] Dale L Hartsock. Effect of Pad/Caliper Stiffness, Pad Thickness, and Pad Length on Thermoelastic Instability in Disk Brakes [J]. Journal of Tribology, 2000, 122 (3): 11 – 518.

[23] F. E. KennedyJr. Surface Temperatures in Sliding Systems-A Finite Element Analysis [J]. ASME Journal of Tribology, 1991, 103: 90 – 96.

[24] K. Friedrich, Z. Neder, Kiaus Friecrich. Numerical and Finite Element Contact Temperature Analysis of Real Composite-steel Surfaces in Sliding Contact [J]. Tribology International, 1998, 31: 669 – 686.

[25] Jianqun. Gao, Si. C. lee, Xiaolan. Ai and Harvey Nixon. An FFT-based Transient Flash Temperature Model for General Three-dimensional Rough Surface Contacts [J]. ASME Journal of Tribology, 2000, 122: 519 – 523.

[26] Przemyslaw Zagrodzki, Samuel A. Truncone. Generation of Hot Spots in a Wet Multidisk Clutch During Short-term Engagement [J]. Wear, 2003, 245: 474 – 491.

[27] Pyung Hwang, Xuan Wu. Investigation of Temperature and Thermal Stress in Ventilated Disc Brake Based on 3D Thermo-mechanical Coupling Model [J]. Journal of Mechanical Science and Technology, 2010, 24: 81 – 84.

[28] Valvano T, Lee K. An Analytical Method to Predict Thermal Distortion of a Brake Rotor [J]. SAE paper, 2000 – 01 – 0445.

[29] Okmura T, Yumoto H. Fundamental Study on Thermal Behavior of Brake Discs [J]. SAE paper, 2006 – 01 – 3203.

[30] Anderson A E, Knapp R A. Hot Spotting in Automotive Friction Systems [J]. Wear, 1990, 135: 319 – 337.

[31] Jacobsson H. Aspects of Disc Brake Judder [J]. Proc. Instn Mech. Engrs Part D: Journal of Automobile Engineering, 2003, 217 (6): 419 – 430.

[32] Pistorius P G H, Marais J J. Thermal Fatigue of steel Tyreson Urban Railway Systerms [J]. Int. J. Fatigue, 1995, 17 (7): 30 – 34.

[33] Manson S S. Behavior of materials under conditions of thermal stress [R]. NACA, TN2933, 1953.

[34] Coffin L F. The problem of thermal stress fatigue in austenitic steels at elevated temperatures [J]. ASTM, 1954, 165: 31 – 52.

[35] Mackin T J, Noe M C, Ball K J, et al. Thermal cracking in disc brakes [J]. Engineering Failure Analysis, 2002 (9): 63 – 76.

[36] Kim S J, Cho M H, Lim D S, et al. Synergistic effects of aramid pulp and potassium titanate whiskers in the automotive friction material [J]. Wear, 2001, 251: 1484 – 1491.

［37］ Ouyang H, Mottershead J E, Brookfield D J, et al. A methodology for the determination of dynamic instabilities in a car disc brake ［J］. International Journal of Vehicle Design, 2000, 23 (3 /4): 241 – 261.

［38］ Wayne V N. Brake squeal analysis by finite elements ［J］. International Journal of Vehicle Design, 2000, 23 (3 /4): 263 – 275.

［39］ P. Liu, H. Zheng, C. Cai, et al. Analysis of disc brake squeal using the complex eigenvalue method ［J］. Applied Acoustics, 2007, 68: 603 – 615.

［40］ Sinou J J. Transient non-linear dynamic analysis of automotive disc brake squeal on the need to consider both stability and non-linear analysis ［J］. Mechanics Research Communications, 2010, 37: 96 – 105.

［41］ Wehenkel L, Lebrevelec C, Trotignon M, et al. Probabilistic design of power-system special stability controls ［J］. Control Engineering Practice, 1999, 7 (2): 183 – 194.

［42］ Yasumasa F, Fabrizio D, Roberto T. Probabilistic design of LPV control systems ［J］. Automatica, 2003, 39 (8): 1323 – 1337.

［43］ 夏荣海, 郝玉琛. 矿井提升机械设备 ［M］. 北京: 中国矿业学院出版社, 1987.

［44］ 中国矿业学院. 矿井提升设备 ［M］. 北京: 煤炭工业出版社, 1980.

［45］ M. 伍夫. 矿井提升机 ［J］. 国外金属矿山, 2002 (6): 62 – 63.

［46］ R. S. Ward. Hoist Automation Involving the Conveyance ［J］. Mining Technology, 1994 (10): 23 – 26.

［47］ 弗·符·弗洛林斯基. 矿井提升钢丝绳动力学 ［M］. 北京: 煤炭工业出版社, 1957.

［48］ 达维道夫. 矿井机械动力学 ［M］. 北京: 煤炭工业出版社, 1957.

［49］ 石博强, 闫永业, 范慧芳, 等. 时变不确定性机械设计方法 ［J］. 北京科技大学学报, 2008 (09): 1050 – 1054.

［50］ Surace C, Worden K, Tomlinson G R. On the Non-linear Characteristics of Automobile Shock Absorbers ［J］. Proc Instn Mech Engrs , Part D , 206: 3 – 16.

［51］ B. R. DAVIS. Power Spectral Density of Road Profiles ［J］. Vehicle System Dynamics, 2001, 35 (6): 409 – 415.

［52］ Weigel M. Nonparametric Shock Absorber Modelling Based on Standard Test Data ［J］. Vehicle System Dynamics , 2002 , 38 (6): 415 – 431.

［53］ Tamboli J A, Joshi S G. Optimum Design of a Passive Suspension System of a Vehicle Subjected to Actual Random Road Excitations ［J］. Journal of Sound and Vibration, 1999, 219 (2): 193 – 205.

［54］ Gobbi M, Mastiun G. Analytical Description and Optimization of the Dynamic Behaviour of Passively Suspended Road Vehicles ［J］. Journal of Sound and Vibration, 2001, 245 (3): 457 – 481.

［55］ Naude A F, Snyman J A. Optimisation of Road Vehicle Passive Suspension Systems. Part 1. Optimisation Algorithm and Vehicle Model ［J］. Applied Mathematical Modelling, 2003, 27: 249 – 261.

［56］ Naude A F, Snyman J A. Optimisation of Road Vehicle Passive Suspension Systems. Part

2. Qualification and Case Study [J]. Applied Mathematical Modelling , 2003, 27: 263 – 274.

[57] Costello M, Kylea J. A Method for Calculating Static Conditions of a Dragline Excavation System using Dynamic Simulation [J]. Mathematical and Computer Mathematical and Computer Modelling, 2004 , 40 (3): 233 – 247.

[58] I. M, Macleod, A. Stothert. A Simulation Study of Distributed Intelligent Control for a Deep Shaft Mine Winder [J]. Annual Review in Automatic Programming, 1994, 19: 293 – 298.

[59] Edouard Laroche, Dominique Knittel. An Improved Linear Fractional Model For Robustness Analysis of a Winding System [J]. Control Engineering Practice, 2005, 13: 659 – 666.

[60] Yang Huayong, Yang Jian, Xu Bing. Computational Simulation and Experimental Research on Speed Control of VVVF Hydraulic Elevator [J]. Control Engineering Practice, 2004, 12: 563 – 568.

[61] Sydney C. K. Chu a, C. K. Y. Lin b, S. S. Lam c. Hospital Lift System Simulator: A Performance Evaluator-Predictor [J]. European Journal of Operational Research, 2003, 146: 156 – 180.

[62] PENG You-Duo. The Dynamic Running Law Study on Driving System of Hydraulic Winder [J]. Journal of Coal Science and Engineering (CHINA), 2002, 8 (1): 73 – 78.

[63] Fung R F, Lin J H. Vibration Analysis and Suppression Control of an Elevator String Actuated by a PM Synchronous Servo Motor [J]. Journal of Sound and Vibration, 1997, 206 (3): 399 – 423.

[64] Takashi Nagatani. Dynamical Behavior in the Nonlinear-map Model of an Elevator [J]. Physica A, 2002 (310): 67 – 77.

[65] J. Landaluze, I. Portilla, J. M. Pagalday. Application of Active Noise Control to an Elevator Cabin [J]. Control Engineering Practice, 2003 (11): 1423 – 1431.

[66] Chang-Sei Kima, Keum-Shik Hongb, Moon-Ki Kimc. Nonlinear Robust Control of a Hydraulic Elevator: Experiment-based Modeling and Two-stage Lyapunov Redesign [J]. Control Engineering Practice, 2005 (13): 789 – 803.

[67] W. D. Zhu, G. Y. Xu. Vibration of Elevator Cables with Small Bending Stiffness [J]. Journal of Sound and Vibration, 2003 (263): 679 – 699.

[68] Ludger M Szklarski. Problem of Limitation of oscillation of winder Ropes [J]. Mineral Research Development, Queensland Australia, 1985.

[69] D. H. Wilde. Effects of Emergency Braking on Multi-rope Tower-mounted FrictionWinders [J]. Colliery Guardian. 1964, 20 (11): 683 – 690, 1965, 26 (2): 289 – 297.

[70] M. B. Bateman, I. C. Howard, A. R. Johnson, J. M. Walton. Computer Simulation of the Impact Performance of a Wire Rope Safety Fence [J]. International Journal of Impact Engineering, 2001 (25): 67 – 85.

[71] W. D. Zhua, L. J. Teppob. Design and analysis of a scaled model of a high-rise high-speed elevator [J]. Journal of Sound and Vibration, 2003 (264): 707 – 731.

[72] Shunji Tanaka, Yukihiro Uraguchi, Mituhiko Araki. Dynamic Optimization of the Operation of Single-car Elevator Systems with Destination Hall Call Registration: Part I. Formulation and Simulations [J]. European Journal of Operational Research, 2005 (167): 550 – 573.

[73] Schrems K, Maclaren D. Failure Analysis of a Mine Hoist Rope [J]. Engineering Failure Analysis, 1997, 4 (1): 25 – 38.

[74] Chaplin C R. Failure Mechanisms in Wire Ropes [J]. Engineering Failure Analysis, 1995, 2 (1): 45 – 57.

[75] Young Man Cho, Rajesh Rajamani. Identication and Experimental Ealidation of a Scalable Elevator Vertical Dynamic Model [J]. Control Engineering Practice. 2001 (9): 181 – 187.

[76] M. Giglio, A. Manes. Life Prediction of a Wire Rope Subjected to Axial and Bending Loads [J]. Engineering Failure Analysis, 2005 (12): 549 – 568.

[77] M. D. Kuruppua, A. Tytkob, T. S. Golosinskic. Loss of Metallic Area in Winder Ropes Subject to External Wear [J]. Engineering Failure Analysis, 2000 (7): 199 – 207.

[78] S. Kaczmarczyka, W. Ostachowiczb. Transient Vibration Phenomena in Deep Mine Hoisting Cables. Part 1: Mathematical Model [J]. Journal of Sound and Vibration, 2003 (262): 219 – 244.

[79] S. Kaczmarczyka, W. Ostachowiczb. Transient Vibration Phenomena in Deep Mine Hoisting Cables. Part 2: Numerical Simulation of the Dynamic Response [J]. Journal of Sound and Vibration, 2003 (262): 245 – 289.

[80] 陈立周. 机械优化设计方法 [M]. 北京: 冶金工业出版社, 1995.

[81] 石博强, 肖成勇. 系统不确定性的数值计算方法 [J]. 北京科技大学学报, 2003, 25 (4): 374 – 376.

[82] 郭朋彦, 石博强, 肖成勇, 等. 基于盲数理论的机械结构复杂时变可靠性计算方法 [J]. 农业机械学报, 2010, 41 (9): 210 – 213.

[83] 闫永业, 石博强. 考虑不确定性因素的时变可靠度计算方法 [J]. 西安交通大学学报, 2007, 41 (11): 1303 – 1306.

[84] Mocko G M, Paasch R. Incorporating uncertainty in diagnostic analysis of mechanical systems [J]. ASME Journal of Mechanical Design, 2005, 127 (2): 315 – 325.

[85] Marti K, Kaymaz I. Reliability analysis for elasto-plastic mechanical structures under stochastic uncertainty [J]. Zeitschrift fur Angewandte Mathematik und Mechanik, 2006, 86 (5): 358 – 384.

[86] Tonon F. Using random set theory to propagate epistemic uncertainty through a mechanical system [J]. Reliability Engineering and System Safety, 2004, 85 (1/3): 169 – 181.

[87] Wen Y K. Reliability-based design under multiple loads [J]. Structural Safety, 1993, 13 (1/2): 3 – 19.